DIE ANATOMIE DER PLEURAKUPPEL

EIN ANATOMISCHER BEITRAG ZUR THORAXCHIRURGIE

VON

ANTON HAFFERL

O. Ö. PROFESSOR DER ANATOMIE AN DER UNIVERSITÄT GRAZ

MIT 21 FARBIGEN ABBILDUNGEN

SPRINGER-VERLAG BERLIN HEIDELBERG GMBH

1939

ISBN 978-3-662-32479-0 ISBN 978-3-662-33306-8 (eBook)
DOI 10.1007/978-3-662-33306-8

URSPRÜNGLICH ERSCHIENEN BEI JULIUS SPRINGER IN BERLIN 1938.

Sonderabdruck
des gleichnamigen Beitrages in „Ergebnisse der Chirurgie und Orthopädie", 31. Bd.

DEM ANDENKEN

AN

PETER WALZEL-WIESENTREU

GEWIDMET

DER VERFASSER

Vorwort.

Vor einem Jahre lud mich der damalige Vorstand der chirurgischen Klinik, Professor Walzel ein, mit ihm zusammen eine eingehende Darstellung der Anatomie und Chirurgie der Pleurakuppel zu schreiben. Dabei wies er auf die große Verbreitung und klinische Bedeutung der thorakoplastischen Operationen hin, die immer mehr Gemeingut der Chirurgen werden. Für den Anatomen ergab sich als Aufgabe eine genaue Darstellung der Umgebung der Pleurakuppel in einer Art, die den Chirurgen bei der Operation leiten kann, die aber bisher in den Handbüchern der Chirurgie fehlt. Diese Lücke auszufüllen, habe ich in der folgenden Abhandlung versucht.

Der erste Teil bringt eine systematische Beschreibung der Muskeln, Gefäße und Nerven, sowie des subpleuralen Bindegewebes. Dabei bin ich mir wohl bewußt, daß sich der Chirurg im allgemeinen nicht für Einzelheiten der systematischen Anatomie interessiert; sie wurde daher auch nur insoweit gebracht, als sie die Grundlage abgibt für die spätere topographische Darstellung. Ein zweiter Grund liegt in dem Umstande, daß Variationen, welche den Chirurgen interessieren, sich nicht gut in der topographischen Darstellung der Operationen unterbringen lassen, ohne daß diese allzu zerrissen und damit unübersichtlich würde.

Der zweite Teil enthält die Topographie der Region, welche so beschrieben wird, wie sie der Chirurg während der Operation antrifft. Die rein chirurgische Technik, soweit sie nicht in der Anatomie begründet ist, sowie die Beurteilung des Wertes der gerade bei den plastischen Operationen am Thorax so zahlreichen Spezialinstrumente ist nicht Sache des Anatomen und findet daher hier keinen Platz. Beschreibung und Abbildungen der Topographie halten sich an die einzelnen Operationsphasen, wobei die Gebilde in der Umgebung an den Präparaten, welche den Abbildungen zugrunde lagen, vom Bindegewebe befreit wurden, um ihre genaue Lage zu zeigen. Absichtlich wurden Bilder von der rechten und linken Körperseite verwendet.

Zu meinem großen Schmerz hat Professor Walzel die Fertigstellung der Arbeit nicht mehr erlebt. Seinen Assistenten Doz. Susani und Dr. Reichl danke ich für verschiedene chirurgische Ratschläge und Erklärungen.

Graz, im Herbst 1938.

A. Hafferl.

Inhaltsverzeichnis.

Seite

I. Die Anatomie des Operationsgebietes 6
  Der knöcherne Thorax 6
    Die Rippen 8
    Die Rippenköpfchengelenke 9
    Die Rippenquerfortsatzgelenke 9
    Die Rippenknorpel 10
  Die Muskulatur 10
  Die Arterien 21
  Die Venen 32
  Das Lymphgefäßsystem 35
  Die Nerven im Gebiete der oberen Thoraxapertur 38
    Die Hirnnerven 38
    Die Spinalnerven 40
    Der Grenzstrang des Sympathicus 46
  Das subpleurale Bindegewebe 48
    Das subpleurale Gewebe der Pleura costalis 49
    Das subpleurale Gewebe der Pleurakuppel 51
    Die Fixation der Pleurakuppel 56

II. Die operativen Zugänge zur Pleurakuppel 61
  1. Der Weg von dorsal 61
    Die Schichten des Rückens 63
    Die Freilegung der Rippen 65
  2. Der Weg von vorne 79
  3. Der Weg von oben 85

Schrifttum 88

Sachverzeichnis 90

I. Die Anatomie des Operationsgebietes.

Der knöcherne Thorax.

Die Form des Oberkörpers wird durch den Brustkorb und den Schultergürtel bestimmt. Ersterer bildet einen Kegelstumpf mit breiter unterer Basis; die Seitenflächen sind ausgebaucht; die obere Begrenzung des Kegelstumpfes wird durch eine Ebene dargestellt, die mehr oder weniger nach vorne hin abfällt und den Namen obere Thoraxapertur führt. Jede Rippe umgreift wie die Daube eines Fasses den Thoraxraum. Sie ist in ihrem bogenförmigen Verlauf derart eingestellt, daß sie vom Rippenköpfchen, welches mit dem Wirbelkörper artikuliert, zuerst nach lateral und hinten zieht. Der erste Abschnitt der Rippe, der bis an das Tuberculum costae reicht, wird als Collum costae bezeichnet. Das Tuberculum legt sich an das laterale Ende des Processus transversus des zugehörigen Wirbels und bildet hier den Articulus[1] costo-transversarius. Der nächste Abschnitt der Rippe setzt in schwacher Krümmung die Richtung nach dorsolateral bis zum Angulus costae fort.

Am Angulus befindet sich die Stelle der stärksten Krümmung. Während an der ersten Rippe der Angulus und das Tuberculum zusammenfallen, vergrößert sich ihr gegenseitiger Abstand an den caudal folgenden Rippen immer mehr. Zwischen dem dorsalen Anteile der Rippen und den Dornfortsätzen der Brustwirbel entsteht eine Furche, der Sulcus costo-vertebralis, in welchen die lange Rückenmuskulatur eingelagert ist. Diese Furche wird nach caudal um so breiter, je mehr der Angulus nach lateral rückt.

Im Inneren des Thorax liegt in der Krümmung der Rippen der Sulcus pulmonalis, dessen Ausmaße entsprechend der Größenzunahme der Wirbel und der Lage des Angulus nach caudal ebenfalls wachsen.

Die obere Begrenzung des Thorax, die obere Thoraxapertur, wird vom Körper des I. Brustwirbels, den beiden ersten Rippen und dem oberen Rande des Manubrium sterni gebildet.

Die allgemeine **Form des Brustkorbes** ist von verschiedenen Momenten abhängig, so von der Phase der Atmung, vom Alter und Geschlecht des Individuums, von der Konstitution.

Bei der Einatmung verändert sich die Thoraxform durch Zunahme sowohl des sagittalen wie des frontalen Durchmessers. Der Grund für diese Erscheinung

---

[1] Articulatio. Die Bezeichnung folgt der neuen Jenaer Nomenklatur (I.N.A.). Bei wesentlichen Änderungen gegen die Baseler Namen werden die alten Namen in Fußnoten angegeben. Im allgemeinen trachten die neuen Namen die Lagebeziehungen eines Organes unabhängig von der Stellung des Körpers zu geben. Daher werden verwendet: für superior die Bezeichnung cranialis, für inferior die Bezeichnung caudalis, für anterior die Bezeichnung ventralis, für posterior die Bezeichnung dorsalis.

liegt im Verlaufe der Achse, um welche sich jede Rippe drehen kann. Sie geht sowohl durch das Gelenk am Rippenköpfchen, als auch durch das Costo-transversalgelenk und verläuft daher von vorne medial nach hinten und lateral. Bei der Einatmungsbewegung werden die Rippen und das Sternum gehoben, die obere Thoraxapertur fällt weniger steil nach vorne ab. Die Ruhestellung des Thorax ist, wenn keine Muskeln auf ihn einwirken, weder die Ein- noch die Ausatmungsstellung, sondern eine Mittelstellung, welche näher an der Ausatmungsstellung liegt. Wenn man nämlich einen aller Muskeln entblößten Thorax in eine der Extremstellungen bringt und dann sich selbst überläßt, so nimmt er infolge der Elastizität der Rippen die genannte Stellung ein.

Die Abhängigkeit der Thoraxform vom Alter zeigt sich darin, daß sich die Ebene der oberen Thoraxapertur während des ganzen Lebens immer steiler stellt, das Sternum also herabsinkt. Man drückt diese Tatsache auch so aus, daß man sagt, der Thorax eines kleinen Kindes erinnere in seiner Form an die Einatmungsstellung, der Thorax eines alten Menschen an die Ausatmungsstellung. Beim Neugeborenen verlaufen die beiden ersten Rippen fast transversal, die übrigen verhältnismäßig wenig absteigend. Dabei ist sowohl der frontale als auch der sagittale Durchmesser des Thorax verhältnismäßig groß; der Brustkorb hat Faßform ähnlich dem Thorax emphysematicus der Erwachsenen. Je älter das Individuum wird, desto steiler steigen die ersten Rippen herab, desto länger erscheint daher der typische Greisenhals. Mit dem Herabsinken der ersten Rippen ändert sich auch die Richtung der anderen, doch verläuft noch bei Personen mittleren Lebensalters der Knorpel der zweiten Rippe horizontal. Durch die Steilstellung der oberen Thoraxapertur nimmt natürlich mit dem Alter auch der sagittale Durchmesser des Brustkorbes ab, das Sternum nähert sich der Wirbelsäule, der Thorax wird flacher. Für das gesunde Kind ist also der Thorax mit mehr kreisförmigem Querschnitt, für den alten Menschen der flache Thorax charakteristisch.

Auch vom Geschlecht ist die Form des Thorax abhängig. Der männliche Thorax ist bei größerem Volumen im oberen Anteil verhältnismäßig breiter als der weibliche. An der unteren Apertur ist dagegen der weibliche Brustkorb verhältnismäßig breiter; auch besitzt er im ganzen eine relativ größere Tiefe als der männliche.

Die konstitutionellen Verschiedenheiten des Thorax stehen in Zusammenhang mit der Ausbildung der Muskulatur des Individuums. Bei hochgewölbtem Thorax findet man straffe Muskulatur, bei flachem Brustkorb, wie er manchmal schon in der Jugend und im mittleren Lebensalter auftritt, sind die Muskeln schlaff, hypotonisch. Das Absinken des Thorax, das zur Ausbildung des flachen Brustkorbes führt, wird durch das Verhalten der Bauchmuskulatur bedingt, die natürlich denselben Tonus besitzt wie jene der Brust, also auch schlaff ist. Daher ist sie nicht imstande, dem Druck der Eingeweide Widerstand zu leisten; der Unterbauch wird vorgewölbt, die Eingeweide sinken herab. Dadurch wird der Zug der Eingeweide am Zwerchfell größer und die Rippen folgen diesem Zuge nach abwärts und bringen den Thorax in eine Stellung, welche der Exspirationsstellung ähnlich ist. Daher führt der flache Thorax auch den Namen exspiratorischer oder asthenischer Thorax.

Kräftige straffe Muskulatur findet man vergesellschaftet mit breiten, starken Rippen, während grazile Personen, besonders Frauen mit schlaffen Muskeln sehr zarte, dünne Rippen besitzen. Es ist klar, daß schließlich veränderte Krümmungsverhältnisse der Wirbelsäule sowie Schrumpfungen der Lunge zu mehr oder weniger starken Asymmetrien führen müssen.

Die Rippen. Da für die Operationen an der Lunge vor allem die Kenntnis der Topographie der ersten Rippe von Bedeutung ist, erscheint es notwendig, diese zuerst genauer in ihrem systematischen Verhalten zu beschreiben. Die erste Rippe ist im Gegensatze zu den anderen nur nach der Kante gekrümmt. Sie besitzt eine obere und eine untere Fläche, eine innere und eine äußere Kante. Besonders die Lage der Kante ist operativ wichtig, da man beim Vordringen von dorsal her auf die Kante der ersten Rippe stößt, während man bei allen anderen Rippen deren äußere Fläche trifft. Collum und Corpus costae stoßen am Tuberculum, welches mit dem Angulus zusammenfällt, aneinander und bilden einen fast rechten Winkel. Das Korpus zieht vom Tuberculum in ungefähr sagittaler Richtung nach vorne, biegt dann allmählich nach medial um und endet als breite Platte am Rippenknorpel. Nahe dem vorderen Ende springt am Innenrande der Rippe als kleiner Höcker das Tuberculum scaleni (Lisfranci) vor, welches sich oft auch als Rauhigkeit auf die obere Fläche der Rippe fortsetzt. Bei sehr starker Entwicklung erschwert es die Ablösung des M. scalenus ventralis von der Rippe. Vor sowie hinter dem Tuberculum scaleni wird die obere Rippenfläche von je einer seichten Furche gequert, welche der Einlagerung der Arteria und Vena subclavia dienen. Der hinteren Furche angeschlossen sieht man oft noch einen Eindruck am inneren Rippenrande, in welchen sich der unterste Teil des Plexus brachialis, der N. thoracalis I einlagert. Mehr dem äußeren Rande genähert folgt schließlich wieder eine Rauhigkeit, welche oft als Wulst dem Rande der Rippe folgt, sie dient dem M. scalenus medius zum Ansatz.

Die abwärts folgenden Rippen sind nicht nur nach der Kante, sondern auch nach der Fläche gekrümmt und außerdem um ihre Längsachse torquiert. Daher sieht bei diesen Rippen im Gegensatz zu der ersten, die eine Fläche nach außen, die andere nach innen. Da sich die Rippen dem Kegel des Brustkorbes anschmiegen, sieht man an den oberen Rippen besonders der zweiten und dritten, daß ihre äußere Fläche nicht rein nach außen, sondern gleichzeitig nach oben gerichtet ist. Der Angulus costae ist bei allen Rippen deutlich; er liegt bei der zweiten noch nahe dem Tuberculum. Die Rippe besitzt weiter lateral eine größere Rauhigkeit, die Tuberositas costae, an welcher der M. scalenus dorsalis[1] und eine Zacke des M. serratus lateralis[2] befestigt sind. Dem Angulus costae gegenüber findet sich am unteren Rande der Rippen oft eine Rauhigkeit, welche das operative Reinschaben der Rippe etwas behindern kann.

Die Zwischenrippenräume verhalten sich, den Thoraxformen entsprechend, verschieden. Bei schmalen, asthenischen Brustkörben ziehen die Rippen steil nach abwärts und liegen daher sehr eng aneinander, ja sie können sich sogar berühren, so daß diese Form gewisse Schwierigkeiten beim Freilegen der Rippen mit sich bringen kann. Bei kräftig gebautem Thorax sind die Rippen dagegen sehr breit und stark, die Zwischenräume weit. Die Rippen verlaufen viel weniger steil, so daß es leicht ist, mit den Instrumenten jede Rippe einzeln zu umfassen.

Von besonderer Wichtigkeit ist die Lage der ersten zur zweiten Rippe. Da die erste Rippe nach einem viel kleineren Radius gekrümmt ist, als die zweite

[1] M. scalenus posterior. — [2] M. serratus anterior.

und die folgenden, liegt sie nicht in derselben Flucht wie die anderen, also nicht über der zweiten, sondern über und innerhalb von ihr. Wenn man daher die Rippen neben der Wirbelsäule von unten nach oben verfolgt, dann erscheint als oberste Rippe in der Reihe immer die zweite. Die erste Rippe liegt bei dieser Betrachtung von dorsal her über und stark vor der zweiten, erscheint also erst tiefer in der Wunde. Dieses Merkmal ist so auffällig, daß bei der Verfolgung der Rippen von unten nach oben kein Zweifel darüber bestehen kann, welche der beiden obersten Rippen man vor sich hat.

Für die Entfernung der medialen Stümpfe der Rippen sind ihre Verbindungen mit den Wirbeln wichtig, das sind die Gelenke des Rippenköpfchens mit dem Körper und jene des Tuberculum mit dem Processus transversus des Wirbels, Articuli capitulorum und Articuli costo-transversarii.

Das Rippenköpfchengelenk. Mit Ausnahme der ersten und der beiden letzten Rippen artikulieren die Köpfchen mit einer Fläche am unteren Rand des oberen und einer Fläche am oberen Rand des unteren Wirbelkörpers. Die Gelenkskapsel ist an der vorderen Seite durch das starke Lig. capituli costae radiatum geschützt, das strahlenförmig zum oberen und unteren Wirbelkörper geht. Außerdem ist die Kante zwischen den beiden Gelenkflächen am Köpfchen durch eine verschieden stark entwickelte bindegewebige Platte (Lig. capituli costae interarticulare) mit dem Discus intervertebralis[1] in Zusammenhang. Dem Lig. radiatum der obersten Rippen liegt der Grenzstrang des Sympathicus an. Wollte man das Köpfchen aus seinem Gelenk exartikulieren, so wäre folgendes zu beachten. Die beiden Gelenkflächen des Capitulum liegen nicht in einer Ebene, sondern bilden miteinander einen vorspringenden Winkel, die Crista capituli, die an den Discus durch das eben genannte Lig. capituli costae interarticulare fixiert ist. Die obere Gelenkfläche der Rippe sieht nach medial und gleichzeitig nach oben, die untere Fläche sieht rein nach medial. Im ganzen ist der Gelenkspalt fast genau sagittal gestellt und daher nach lateral so durch das Köpfchen gedeckt, daß ein Eindringen in den Spalt von der Seite her mit einem geraden Instrument unmöglich ist.

Das Rippenquerfortsatzgelenk. Die Gelenkfläche am Tuberculum costae ist bei den oberen Rippen ziemlich rein nach hinten gerichtet, bei den unteren sieht sie nach hinten und oben. Der Gelenkspalt des Articulus costo-transversarius verläuft daher bei den oberen Rippen rein frontal. Auch dieses Gelenk besitzt starke Bänder: Das Lig. tuberculi costae zieht von der Spitze des Processus transversus als kräftiges Band nach lateral an die Hinterseite der Rippe und deckt so das Gelenk von hinten her. Der Rippenhals ist durch mehrere Bänder an seine Umgebung fixiert. Das Lig. costo-transversarium, welches in einzelne Teile unterteilt werden kann, zieht vom Rippenhals zum Querfortsatz des nächst höheren Wirbels. Mit seinem medialen Rande begrenzt es von lateral her eine ovale Öffnung; die obere Umrandung dieser Öffnung wird vom nächst höheren Processus transversus, die mediale vom Wirbelkörper, die untere von der betreffenden Rippe gebildet. In dieser Öffnung findet die Teilung des Spinalnerven derart statt, daß sein vorderer Ast vor dem Band, der hintere hinter ihm verläuft. Den Spaltraum zwischen dem Collum costae und dem Processus transversus füllt das Lig. colli costae wie eine Membran aus. In der Nähe

[1] Fibrocartilago intervertebralis.

der beiden Rippengelenke bleiben fett erfüllte kleine Lücken frei. Die mediale Lücke ist wichtig, da sie von kleinen Venen zum Durchtritt benützt wird, die der Wirbelsäule entlang eine Anastomosenkette für die aus den Foramina intervertebralia austretenden Venenplexus darstellen; die Lücke wird in der systematischen Anatomie als Foramen costo-transversarium bezeichnet und entspricht dem Foramen transversarium des Halswirbels. Die Festigkeit der Bänder verhindert nicht nur eine Luxation der Rippen, sondern macht es auch unmöglich, die Rippen auszureißen oder auszudrehen. Meist bricht bei einem derartigen Versuch die Rippe am Collum ab. Auch aus topographischen Gründen ist jeder Versuch, den Rippenhals zu entfernen nur mit äußerster Vorsicht zu unternehmen (s. S. 69). Die Gefäße der Gelenke stammen aus der A. intercostalis, welche sowohl an das über ihr als auch an das caudal von ihr gelegene Gelenk Ästchen abgibt.

Die Verbindungen der Rippen mit den Rippenknorpeln. Die vorderen Enden der knöchernen Rippen sind meist verdickt, was besonders bei den mittleren Rippen auffallend ist. Der Knochen endet mit einer etwas gehöhlten Pfanne, in welcher der Knorpel haftet; durch inniges Ineinandergreifen von Knorpel und Knochen ist die Verbindung fest. Die Knorpel sind nicht überall gleich breit. Nach medial hin verbreitert sich der Knorpel der ersten und auch der zweiten Rippe. Die Verlaufsrichtung der Knorpel hängt begreiflicherweise so wie die der Rippen von der Atmungsphase ab, doch wirkt sich diese an den Knorpeln nicht so stark aus als an den Rippen. Der erste Knorpel nähert sich in seinem Verlauf mehr der Horizontalen als die zugehörige Rippe; der zweite Knorpel zieht fast genau horizontal und bildet mit seiner Rippe nur einen ganz stumpfen Winkel. Erst bei den weiter caudal gelegenen Rippen machen sich die Knickungen innerhalb der Knorpel bemerkbar.

Die Verbindungen der Rippenknorpel mit dem Brustbein. Das vordere Ende des ersten Knorpels verbindet sich fast ständig unmittelbar mit dem Manubrium sterni in derselben Weise wie das laterale Ende mit dem Rippenknochen. Die anderen Rippenknorpel sind gelenkig mit dem Sternum verbunden. Die Rippenknorpel können im Alter durch Knochen ersetzt werden, wobei dieser Prozeß an der ersten Rippe beginnt. Die Rippenknochen verändern sich im Alter ebenfalls, sie werden schwächer, die Corticalis dünner, die Trabekel spärlicher, so daß die Rippen leichter brechen.

Die Muskulatur.

Der obere Teil des Thorax ist durch den Schultergürtel gedeckt, so daß der Zugang zu den kranialen Rippen von hinten nur nach Abziehen des Schulterblattes möglich ist. Wenn auch eine gelenkige Verbindung zwischen Thorax und Schultergürtel nur im Sterno-claviculargelenk existiert, wird doch die Scapula durch die Muskulatur des Schultergürtels von vorne, oben und hinten so umfaßt, daß das Schulterblatt an den Thorax angepreßt wird und sich nur an ihm verschieben, aber bei intakter Muskulatur nur in gewissen Stellungen etwas vom Brustkorb abheben läßt.

Wenn auch meistens operativ die verschiedenen Muskeln nicht einzeln freigelegt werden, so hat ihre systematische Darstellung doch einen gewissen Wert. Fürs erste bietet sie wichtige Anhaltspunkte für den Verlauf der Gefäße und Nerven, dann erklärt die Beschreibung der Muskeln auch ihre Funktion und damit die Beweglichkeit, welche das Schulterblatt nach ihrer Durchschneidung erlangt. An die Darstellung der Schultergürtelmuskulatur schließt sich gleich jene der tiefen Nacken- und Rückenmuskeln an, soweit sie im Operationsfeld von Bedeutung sein können. Die Reihenfolge, welche bei der Beschreibung eingehalten wird, nimmt nur Rücksicht auf den operativen Weg, nicht aber auf die morphologische Zusammengehörigkeit der Muskeln.

Dringt man von dorsal her zu den Rippen vor, dann sind zuerst die großen Muskelplatten zu durchtrennen, welche in zwei Schichten angeordnet, von der Wirbelsäule zum Schulterblatt ziehen. In der Tiefe findet man dann die langen Rückenmuskeln, welche in ihrer Gesamtheit als Erector trunci bezeichnet, den Sulcus costo-vertebralis erfüllen. Diesem schließen sich nach vorne hin die ebenfalls in der Tiefe gelegenen Rippenheber an, die von der Wirbelsäule zu den beiden obersten Rippen verlaufen und dadurch operativ natürlich von besonderer Bedeutung sind. Die Beschreibung wird für die einzelnen Muskeln all das über Ursprung, Ansatz, Verlauf, Gefäß- und Nervenversorgung bringen, was von praktischer Bedeutung für die Operationen sein mag.

M. trapezius (Abb. 1). Der Muskel bildet eine große trapezförmige Platte. Seine Ursprungslinie erstreckt sich von der Linea nuchalis terminalis[1] am Schädel längs des Septum nuchae[2] und den Wirbeldornen bis in die Höhe des 11. oder 12. Brustwirbels. Während die Muskelfasern sowohl im oberen als auch im unteren Teil bis an die Wirbelsäule heranreichen, ist der Ursprung von der Höhe des 4. Hals- bis zum 3. Brustwirbel sehnig. So entsteht um die Vertebra prominens eine sehnige Platte, welche im kleinen die trapezförmige Gestalt des ganzen Muskels wiederholt. Der Ansatz des Muskels erfolgt mit ganz kurzen Sehnenfasern an der Spina scapulae in ihrer ganzen Ausdehnung, am Akromion und am lateralen Teil der Clavicula, also in einer langen gebogenen Linie. Dadurch bildet der vordere Teil des Muskels den seitlichen Kontur des Halses, die Nackenlinie. Die Muskelfasern laufen im oberen Teil steil nach abwärts und biegen nach vorne zur Clavicula und zum Akromion um. Die mittleren Fasern ziehen horizontal zur Spina scapulae, die unteren steigen steil auf und inserieren am medialen Ende der Schultergräte. Die kurze Endsehne dieses Teiles ist mit der Fascia infra spinam[3] verwachsen.

Die Fascie, welche den M. trapezius ebenso wie den M. latissimus dorsi bedeckt, ist zart und hängt innig sowohl mit dem Perimysium wie auch mit der Subcutis zusammen; ihre Faserung zeigt im allgemeinen keine bestimmte Richtung.

Der M. trapezius wird vom N. accessorius innerviert, welchem sich Fasern aus dem 2.—4. Cervicalnerven anschließen. Der Nerv liegt dem Muskel von innen nahe dem medialen Rande der Scapula bis weit nach abwärts an, ehe sein Ende intramuskulär wird. Die Innervation des oberen Teiles wird von kurzen Ästen besorgt, die vom Stamm des Nerven abgehen und in den Muskel eintreten. Parallel zum Nerven verlaufen die Gefäße; die Arterie kommt meistens aus der A. transversa colli, doch können auch Äste anderer Nackenarterien für sie eintreten, die dann ebenfalls Zweige entlang dem Nerven nach abwärts senden. Meistens tritt in den caudalen Teil des Muskels ein etwas größeres Gefäß ein, das aus der Intercostalmuskulatur hervorkommt und von einer gut entwickelten Vene begleitet ist.

[1] Linea nuchae superior. — [2] Lig. nuchae. — [3] Fascia infraspinata.

Funktion. Der obere Teil des M. trapezius hebt das Schulterblatt als Ganzes und adduziert es gegen die Wirbelsäule. Die caudalen Fasern ziehen es nach

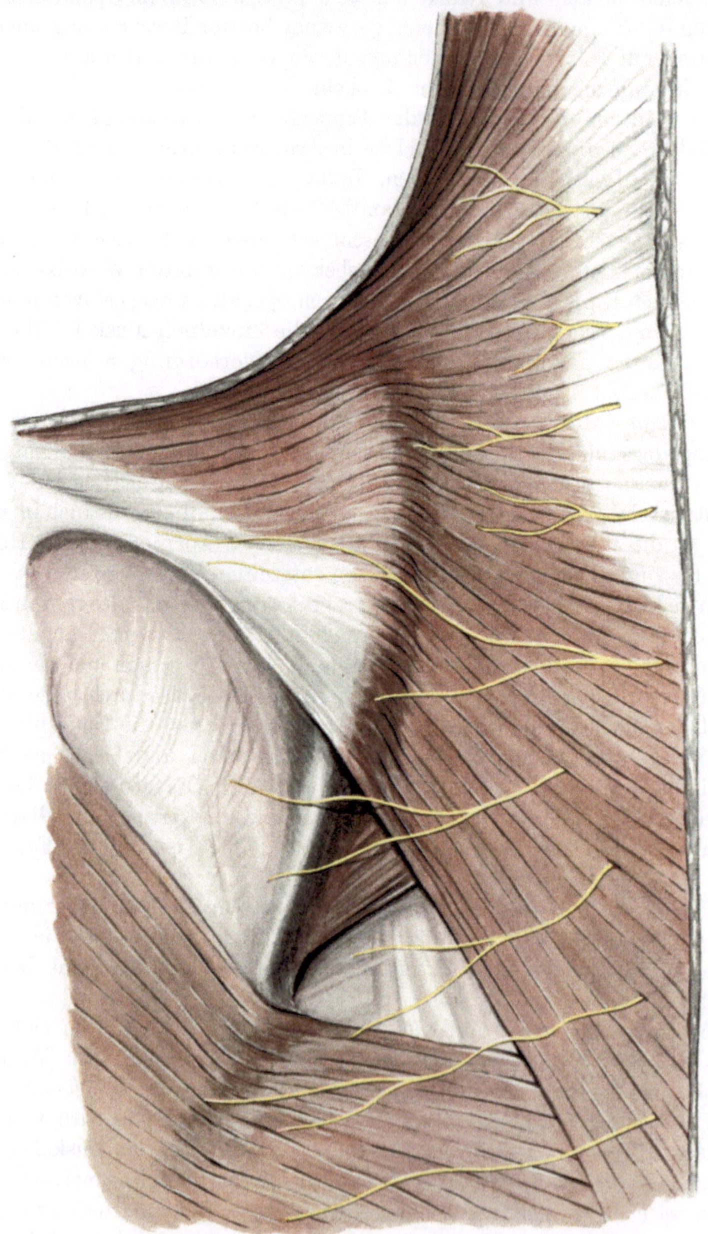

Abb. 1. Die oberflächliche Schichte der Rückenmuskulatur mit den Hautnerven.

medial und unten. Die Durchtrennung des Muskels ermöglicht daher ein Vorwärts- und Aufwärtsdrängen der Scapula.

In der zweiten Schichte liegen von caudal nach kranial aufgezählt, der M. latissimus dorsi, rhomboideus major und minor und levator scapulae.

M. latissimus dorsi. Er behindert den Zugang zu den Rippen nur, wenn es sich um Operationen an den caudalen Rippen handelt. Wichtig ist aber auf jeden Fall seine fixatorische Wirkung auf das Schulterblatt. Sein Ursprung erfolgt in dem hier interessierenden Abschnitte rein aponeurotisch vom 7. oder 8. Brustwirbeldorn nach abwärts. Die kranialen Fasern verlaufen horizontal, die weiter caudal entspringenden immer steiler nach aufwärts. Der obere Rand des Muskels schlingt sich um den Angulus caudalis scapulae herum und bedeckt ihn; schließlich endet der Muskel mit einer platten Sehne an der Crista tuberculi minoris am Humerus, wobei er die Grundlage für die hintere Achselfalte bildet. Der Muskel erhält vom Plexus brachialis den N. thoraco-dorsalis, welcher meist in mehrere Äste zerfallen, in der Nähe der Endsehne die thorakale Fläche des Muskels betritt. Die Blutversorgung erfolgt ebenfalls aus der Axilla; sowohl der Nerv wie die Gefäße des Muskels sind weit vom Operationsfeld entfernt.

Funktion. Auf die Bewegungen der Scapula hat der Muskel nur indirekten Einfluß, da ja seine Insertion am Humerus stattfindet. Operativ ist nur von Bedeutung, daß er das untere Ende der Scapula an die Thoraxwand anpreßt, und eine Elevation derselben daher nur durch Dehnung des Muskels möglich ist. Eine Einkerbung seines oberen Randes erleichtert das Abheben des Schulterblattes.

M. rhomboideus major und minor (Abb. 2). Die beiden Muskeln stellen eine einheitliche Platte dar, von der man oft nur künstlich das obere kleinere Stück als Rhomboideus minor abtrennen kann. Sie entspringen mit einer schmalen sehnigen Platte vom 5.—6. Halswirbeldorn bis zum Dorn des 4.—5. Brustwirbels. Die Fasern verlaufen schräg abwärts zum medialen Rande des Schulterblattes. Der Nerv der beiden Muskeln ist der N. dorsalis scapulae (Abb. 3), welcher an der Innenseite der Muskelplatte nahe deren scapularen Rand verläuft. Ihm angeschlossen liegen die Gefäße, doch erhalten die Muskeln auch von den Vasa intercostalia her einige Äste.

Funktion. Beide Muskeln ziehen die Scapula nach medial und oben. Nach ihrer Durchtrennung ist daher operativ der Ausfall des M. trapezius eigentlich erst auszunützen; die Scapula kann jetzt stark nach lateral verzogen und von der Thoraxwand abgehoben werden.

M. levator scapulae (Abb. 2—4). Der Muskel schließt sich kranial an die Platte der Rhomboidei an. Er entspringt mit vier Zacken von den Querfortsätzen der oberen Halswirbel, wobei seine Ursprungssehnen meist mit den benachbarten Muskeln verwachsen sind. Die vier Teile, von denen der oberste der stärkste ist, vereinigen sich zu einem dicken Bauch, welcher am Angulus cranialis scapulae[1] bis zur Wurzel der Spina hin, inseriert. Variationen sind an diesem Muskel nicht selten. Seine Ursprünge können vermehrt oder vermindert sein, in der Nähe des Ansatzes kann ein Zusammenhang mit den Rhomboidei oder mit dem Serratus dorsalis cranialis bestehen. Jedenfalls ist aber der Muskel an seinem Ansatz am Angulus scapulae mit Sicherheit zu erkennen, ein Umstand, welcher für die Topographie der Nerven und deren Schonung von Wichtigkeit ist.

[1] Angulus medialis scapulae.

Manchmal spaltet sich vom M. levator ein Bündel ab, das sich dem M. scalenus dorsalis anschließt oder mit anderen in der Nähe gelegenen Muskeln Verbindungen

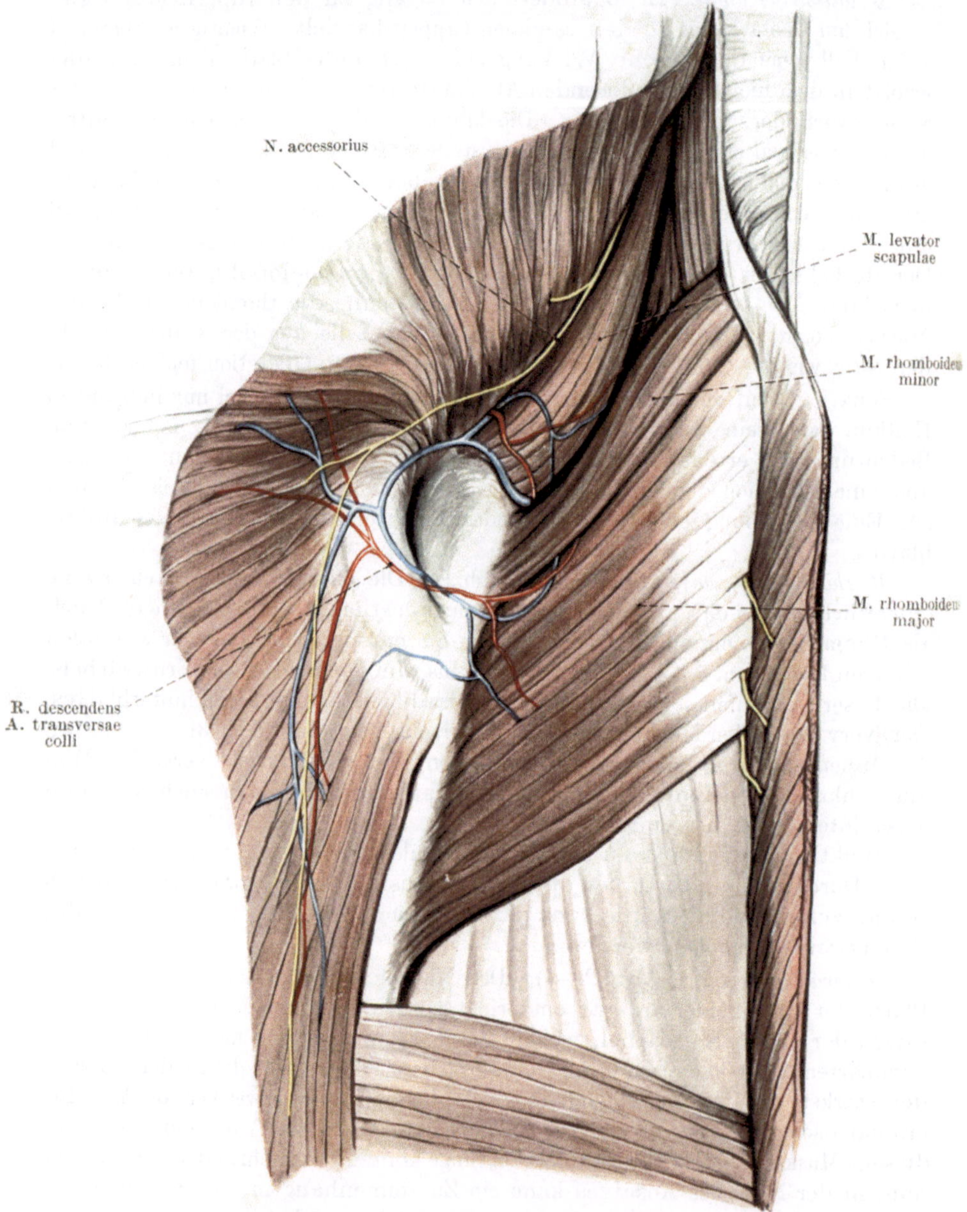

Abb. 2. Die zweite Schichte der Rückenmuskulatur.

eingeht (Abb. 4). Der Muskel wird von metameren Ästen des Plexus cervicalis innerviert.

Funktion. Er zieht die Scapula nach medial und oben. Seine Durchschneidung würde das Abziehen der Scapulae noch weiter erleichtern, doch ist sie aus topographischen Gründen, wenn möglich zu vermeiden, besonders da sich die Scapula infolge der Dehnbarkeit der Muskulatur auch unter Schonung des Muskels genügend abheben läßt.

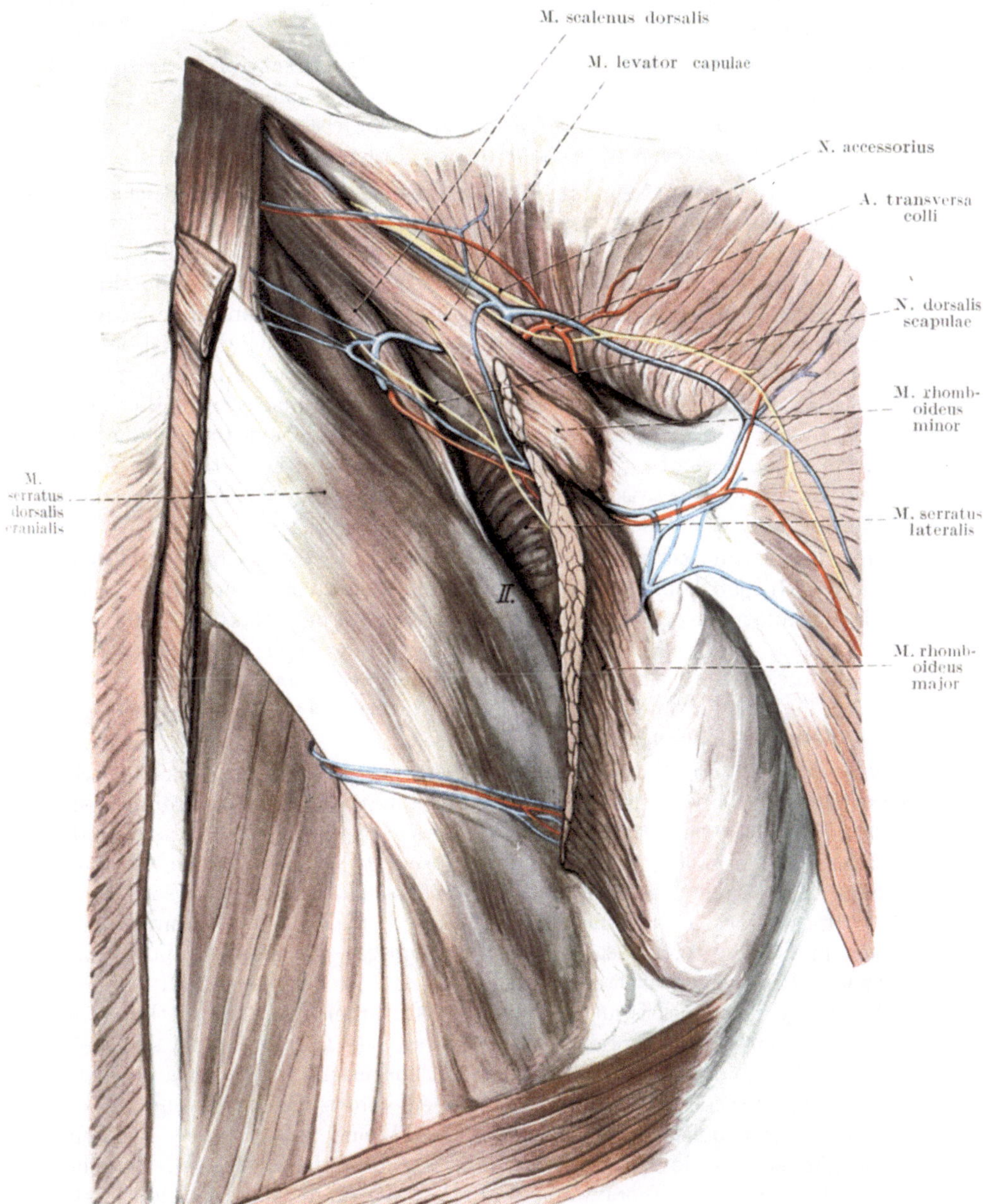

Abb. 3. Die Topographie des M. levator scapulae und M. scalenus dorsalis.

Die dritte Schichte der Muskulatur enthält zwei operativ ganz bedeutungslose Muskeln, die beiden Mm. serrati dorsales.

Der *M. serratus dorsalis cranialis*[1] (Abb. 3) entspringt mit breiter Sehne von den untersten Hals- und obersten Brustwirbeln und verläuft als ganz dünne Muskelplatte, von den Rhomboidei bedeckt, nach lateral, wo er mit einzelnen Zacken an der 2.—5. Rippe ansetzt. Die Ansätze lassen sich zusammen mit dem Periost der Rippen sehr leicht ablösen.

M. serratus dorsalis caudalis[2]. Er kommt nur bei Resektionen an den caudalsten Rippen ins Gesichtsfeld. Seinen Ursprung bildet eine zarte Sehnenplatte, welche von den Dornfortsätzen der caudalen Brustwirbel entspringt und in eine dünne Muskelplatte übergeht, die an die vier letzten Rippen herantritt.

In der letzten und tiefsten Schichte liegt die autochthone lange Rückenmuskulatur, die oberflächlich von der Fascia lumbodorsalis bedeckt wird. Diese ist caudal stark und verdünnt sich nach oben hin immer mehr, so daß sie in der Gegend der oberen Brustwirbel nur mehr als ganz dünne Schichte die Muskeln bedeckt. Die systematische Unterteilung der langen Rückenmuskulatur, die in ihrer Gesamtheit auch als *M. erector trunci* zusammengefaßt wird, ist operativ nicht von Bedeutung; ihre Darstellung kann daher unterbleiben. Die einzelnen Teile des Erektor finden derart an den Rippen Haftpunkte, daß die lateral entspringenden Sehnen nach oben und innen, die medial entspringenden nach unten und innen verlaufen (Abb. 4). Der in seiner Gesamtheit starke und dicke Muskel füllt den Raum zwischen den Dornfortsätzen und den Anguli costarum der Rippen, also den Sulcus costo-vertebralis aus.

Trotz der Ausdehnung der Muskelmasse bietet die Freilegung der medialen Anteile der Rippen keine Schwierigkeiten, wenn man von lateral nach medial hin die Muskulatur abschiebt, da sich die Zacken mit dem Raspartorium leicht ablösen lassen. Die Gefäß- und Nervenversorgung des M. erector trunci erfolgt durch die dorsalen Äste der Vasa intercostalia und der Segmentalnerven, die von innen her die Muskulatur betreten. Feine für die Haut bestimmte Zweige durchbohren die lange Rückenmuskulatur.

M. serratus lateralis[3] (Abb. 3, 16, 17). Er entspringt mit 9—10 Zacken fleischig oder mit kurzen Sehnen von den neun ersten Rippen. Die Zacken vereinigen sich zu einer Muskelplatte, welche sich dem Thorax eng anlegt und zum medialen Rand der Scapula gelangt, an welchem sie inseriert. Die erste Zacke entspringt bei nicht zu kräftiger Ausbildung des M. scalenus medius neben diesem an der ersten Rippe oder sie steht mit dem starken M. scalenus in Zusammenhang. Oft kommt sie auch von einem flachen Sehnenbogen, der vom kranialen Rand der zweiten Rippe zur Außenseite der ersten zieht. An der zweiten Rippe liegen die Ursprünge des Muskels ungefähr in der Axillarlinie, an den mittleren verschieben sie sich im Bogen weit nach vorne, an den caudalen liegen sie wieder weiter dorsal, so daß der Muskel eine Platte mit konvexem vorderem Rande bildet. Bei der subperiostalen Auslösung der Rippen werden die Ursprünge an den obersten Rippen meist noch erreicht. Ihre Lösung bringt aber gar keine Schwierigkeiten, da sie sich leicht mit dem Periost entfernen lassen. Zwischen dem Muskel und der Thoraxwand befindet sich ganz zartes Bindegewebe, welches leicht mit der Hand zerteilt werden kann, wenn die Scapula abgehoben werden soll.

---

[1] M. serratus posterior superior. — [2] M. serratus posterior inferior. — [3] M. serratus anterior.

Die Muskulatur der Rippen, Mm. intercostales externi und interni und die Mm. levatores costarum.

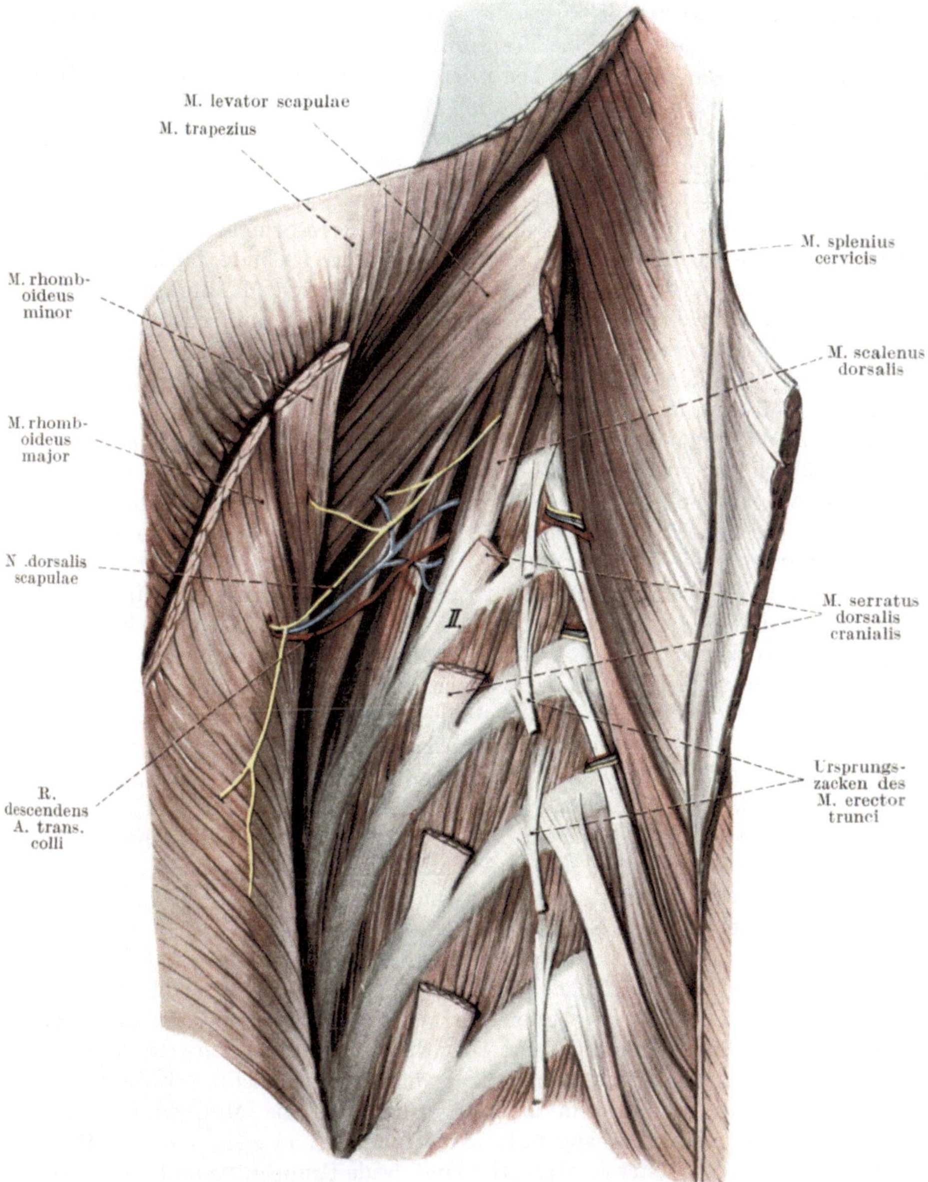

Abb. 4. Ansatz und Ursprung der tiefen Muskeln an den Rippen.

Mm. intercostales externi (Abb. 4). Die Muskelfasern verlaufen vom unteren Rande jeder oberen Rippe schief nach lateral absteigend, zum oberen Rand der nächst unteren Rippe. Jeder M. intercostalis stellt eine Muskelplatte dar, welche am Tuberculum costae beginnt und ventral bis an den Knorpel der Rippe reicht.

Da der mediale hintere Rand des Muskels schief von medial oben nach lateral unten zieht, bleibt medial von ihm ein kleines dreieckiges Feld übrig, das durch den kleinen M. levator costae ausgefüllt wird. Er ist mit seinem Rande oft so dicht an den M. intercostalis angeschlossen, daß beim Abpräparieren der Muskulatur von lateral her gar keine Trennungslinie auffällt.

Mm. intercostales interni. Sie beginnen dorsal ungefähr am Angulus costae und reichen ventral bis an das Sternum. Der Verlauf der Fasern jedes Muskels ist dem des Intercostalis externus entgegengesetzt, d. h. die Fasern ziehen von lateral oben nach medial zur nächst unteren Rippe. An den Mm. intercostales interni lassen sich insoferne zwei Platten unterscheiden, als die Intercostalgefäße und -nerven zwischen einer inneren und äußeren Schichte liegen. Spaltet man den M. intercostalis externus, dann liegen diese Gebilde noch nicht frei, sondern sind noch von einer ganz dünnen Schichte von Muskulatur bedeckt. Manche Autoren nennen die äußere Schichte der Mm. intercostales interni, M. intercostales intermedii.

Für die Möglichkeit, die Intercostalmuskulatur samt dem Periost der Rippen möglichst einfach und sicher zu entfernen, ist der Ansatz der Muskeln an den Rippen von Wichtigkeit. Der Externus setzt sowohl an der oberen als auch an der gegenüberliegenden unteren Rippe am Rande der Rippe an. Betrachtet man einen Thorax, an welchem die Rippen samt den Intercostalmuskeln erhalten sind, von außen, dann sieht man zwischen je zwei Muskeln die Rippe in ihrer ganzen Breite verlaufen. Die Mm. intercostales interni verhalten sich anders. Sie erstrecken ihren Ursprung und Ansatz an den beiden benachbarten Rippen weit auf die Innenfläche. Von innen her sieht man daher nicht die ganze Breite der Rippe, sondern zwischen je zwei Intercostalmuskeln nur einen ganz schmalen Knochenstreifen. Dem Verlauf der Fasern der Mm. intercostales externi paßt sich die chirurgische Vorschrift an, welche sagt, man solle die Muskulatur am unteren Rand jeder Rippe von lateral nach medial mit dem gebogenen Raspartorium ablösen, am oberen Rand der Rippen aber von medial nach lateral vorgehen. Das heißt man löst immer so ab, daß man sich nach dem Ansatz der Intercostales externi richtet und von jener Seite aus ablöst, an welcher sie mit der Rippe den spitzen Winkel bilden. Wenn auch die Interni gerade umgekehrt verlaufen, so macht dies nichts, sie lassen sich, da sie mehr an der Rippenfläche und nicht an der Kante ansetzen, viel leichter lösen.

Sowohl an der Innenseite als auch an der Außenseite des Thorax finden sich mehr oder weniger gut ausgebildete Züge von Muskelfasern, die eine oder mehrere Rippen überspringen. Innen werden sie als Mm. subcostales bezeichnet und finden sich vor allem im Gebiete der 1.—4. Rippe und im Bereiche der caudalen Rippen. Ihre Verlaufsrichtung entspricht den Mm. intercostales interni. Die akzessorischen, kleinen Muskeln an der Außenseite, die Mm. supracostales stehen meist im Zusammenhang mit den M. scaleni und ziehen in der Richtung der Fasern der Externi. Operativ sind beide Gruppen bedeutungslos, da sie sich sehr leicht zusammen mit den Intercostales ablösen lassen.

Zu der tiefen Halsmuskulatur gehören die Rippenheber, die Mm. scaleni, von welchen systematisch der M. scalenus ventralis[1], medius und dorsalis[2] unterschieden werden. Hiezu kommt noch der kleine M. scalenus minimus. Die Rippenheber sind besonders im Gebiet ihres Ursprunges von der Wirbel-

[1] M. scalenus anterior. — [2] M. scalenus posterior.

säule oft stark miteinander verwachsen, doch hat dieser Umstand für die Operation keine Bedeutung.

M. scalenus ventralis[1] (Abb. 8, 9, 12, 13). Der Muskel entspringt, wie alle drei Scaleni, von den Querfortsätzen der Wirbelsäule. Die Zacken vereinigen sich zu einem starken Muskelbauch, der in eine konische dicke Sehne übergeht. Diese inseriert an der ersten Rippe am Tuberculum scaleni, das ist in dem Felde zwischen den Furchen für die Arteria und Vena subclavia. Manchmal greift der Muskel mit fleischigen Bündeln auch noch auf den medialen Rand der I. Rippe über. Da bei der Exstirpation der I. Rippe der M. scalenus ventralis von der Rippe abgelöst werden muß, sind die Variationen seines Ansatzes zu beachten. Es wurden Faszikel vor allem sehniger Natur beobachtet, welche sich vom medialen Rande des Muskels abspalten und an der I. Rippe vorbei zur II. ziehen. Vor allem wichtig sind aber jene Variationen, welche die Lage des Muskels zur A. subclavia ändern, wobei es vom operativen Standpunkt wohl irrelevant ist, ob an diesen Lageänderungen die A. subclavia oder der Muskel schuld sind. Während bekanntermaßen die Arterie normalerweise hinter dem Muskel durch die hintere Scalenuslücke verläuft, wurden Fälle beobachtet, wo sie vor dem Muskel die I. Rippe kreuzte, während der Plexus brachialis allein durch die hintere Scalenuslücke zog (Abb. 8). Auch Spaltungen des Muskelansatzes kamen zur Beobachtung. Dann fand sich vor und hinter der Arterie der Ansatz eines Teiles des Muskels. Schließlich kommen auch höher oben im Muskelfleisch selbst Spaltbildungen vor, welche von der Arterie und dem Plexus zum Durchtritt benützt werden. In diesen Fällen verläuft die Arterie mehr kranial und hat keine direkte Beziehung zur I. Rippe. Das Vorhandensein einer Halsrippe muß natürlich auch auf die Ansatzverhältnisse des Muskels weitgehenden Einfluß ausüben. Wie sich die Verhältnisse gestalten, hängt von der Länge dieser Halsrippe ab. Reicht sie weit nach vorne, dann kann der Muskel an ihr inserieren.

M. scalenus medius (Abb. 9, 16). Der Muskel ist der mächtigste unter den drei Rippenhebern. Die von den Querfortsätzen kommenden Zacken bilden einen Muskelbauch, welcher fleischig-sehnig an der ganzen Breite der I. Rippe hinter dem Sulcus der A. subclavia ansetzt. Ein Teil strahlt in die Fascie des I. Intercostalraumes ein, ein weiterer gelangt an den oberen Rand der II. Rippe und inseriert dort in verschiedener Ausdehnung.

M. scalenus dorsalis[2] (Abb. 3, 4, 16). Er schließt sich, von den unteren Querfortsätzen der Halswirbel kommend, eng an den M. scalenus medius an und inseriert mit einer platten, dünnen Sehne an der Außenfläche der II. Rippe, wobei er oft den Ansatz des Scalenus medius an dieser Rippe überdeckt.

Die Form der drei Scaleni zusammengenommen gibt einen Kegelmantel, dessen Basis die beiden oberen Rippen bilden, dessen Spitze an der Wirbelsäule liegt. Kranial liegen die Muskeln dicht nebeneinander, sind manchmal sogar wie gesagt verwachsen, caudal findet sich zwischen Scalenus ventralis und medius die hintere Scalenuslücke für die Arteria subclavia und den Plexus brachialis. Die Lücke bildet ein spitzwinkliges Dreieck, dessen Basis durch die I. Rippe dargestellt wird. Der M. scalenus dorsalis schließt sich so eng an den Medius an, daß es nicht zur Bildung einer Lücke kommt. Der Scalenus medius selbst wird aber von Nerven aus dem Plexus brachialis, dem N. thoracalis longus und manchmal dem N. dorsalis scapulae durchbohrt.

[1] M. scalenus anterior. — [2] M. scalenus posterior.

M. scalenus minimus (Abb. 13, 14, 15, 18). Zu der Gruppe der Scaleni gehört noch dieser kleine, stark variable Muskel. Er entspringt bei guter Ausbildung von den Querfortsätzen der untersten Halswirbel bis hinauf zum 5. und zieht als plattrundlicher Muskelbauch ungefähr parallel zum M. scalenus ventralis nach abwärts, um an der ersten Rippe dorsal vom Ansatz dieses Muskels zu enden. Der Scalenus minimus wird manchmal durch einen fibrösen Strang ersetzt, welcher von ZUCKERKANDL Lig. costo-pleuro-vertebrale genannt wird. Zwischen der Ausbildung dieses Ligamentes und einem gut entwickelten Muskelbauch finden sich alle Übergänge. Die A. subclavia verläuft vor dem M. scalenus minimus, der Plexus brachialis hinter ihm über die erste Rippe. Auch das genannte Ligament, das ja den Muskel ersetzt, hat dieselbe Topographie. Nach ZUCKERKANDL besteht die Funktion des Muskels in der Erhaltung der Pleurakuppel; er nennt ihn daher einen Tensor pleurae.

Die Mm. scaleni werden direkt von den Cervicalnerven versorgt, welche ihnen von innen her Zweige zusenden. An der Blutversorgung beteiligen sich außer der A. vertebralis, welche kurze Zweige zu den Scaleni entläßt, auch noch die A. cervicalis ascendens, die auf dem M. scalenus ventralis liegt, sowie die A. cervicalis profunda und transversa colli, die wie später gezeigt wird, in enge Beziehung zu den Mm. scaleni treten.

Von dorsal schließt an die Scaleni der M. levator scapulae, von medial der M. erector trunci eng an. Der Zugang zur Lungenkuppel wird dadurch vollkommen von Muskeln verschlossen, welche von den Rippen abgelöst werden müssen, ehe ein weiteres Vordringen möglich ist.

Bei der Freilegung der I. Rippe von oben her kommen jene Muskeln in Betracht, welche vom Halse absteigend, an der Clavicula und dem Sternum ansetzen. Von diesen ist aber nur der M. sternocleidomastoideus hier zu beschreiben, da die Detractores laryngis mit Ausnahme des Omohyoideus, der zur Scapula verläuft, so weit medial liegen, daß sie operativ nicht ins Gesichtsfeld kommen können.

M. sternocleidomastoideus (Abb. 9, 10, 21). Der Muskel entspringt mit zwei Portionen, von denen die eine vom Sternum, die andere von der Clavicula kommt. Die sternale Portion entsteht mit einer starken Sehne am oberen Rande des Manubrium, kann sich aber recht häufig auch auf die Clavicula erstrecken. Die claviculare Portion nimmt ihren Ursprung vom Sternoclaviculargelenk an bis zum zweiten Drittel oder Viertel dieses Knochens. Die beiden Teile des Muskels sind je nach ihrer Stärke durch eine verschieden große Spalte am Ursprung getrennt. Kranial vereinigen sie sich vollkommen miteinander und enden am Processus mastoideus und an der Linea nuchalis terminalis[1]. Der Muskel wird vom N. accessorius innerviert, der schon so hoch oben in das Fleisch eintritt, daß sein Verlauf bis zum M. sternocleidomastoideus für die Lungenoperationen nicht von Bedeutung ist.

M. omohyoideus. Der Muskel entspringt am Os hyoides und zieht schief nach lateral und unten, so daß er den Sternocleidomastoideus an dessen dorsomedialer Seite kreuzt und am Hinterrande dieses Muskels zum Vorschein kommt. Im weiteren Verlaufe verschwindet er hinter der Clavicula und zieht zum medialen Rande der Incisura scapulae. Der Omohyoideus besitzt hinter dem sternocleidomastoideus eine sehnige Inskription, welche ihn in einen oberen

[1] Linea nuchae superior.

und unteren Bauch trennt. Der caudale Bauch ist es, der am Hinterrande des M. sternocleidomastoideus im Winkel zwischen diesem und der Clavicula sichtbar wird und so von dem großen Trigonum supraclaviculare majus das kleine Trigonum omoclaviculare abtrennt. Vom Omohyoideus spannt sich nach medial die Fascia colli media zum M. sternothyreoideus herüber und verschließt dadurch das Trigonum omoclaviculare gegen die Tiefe. Man nennt daher jenen Teil der Fascia colli media, welcher zwischen M. omohyoideus, Clavicula und dem Hinterrande des M. sternocleidomastoideus sichtbar ist, Fascia omoclavicularis und durchsetzt diese bei Operationen in der Tiefe, z. B. bei der Aufsuchung der A. subclavia.

Die Arterien.

Für die Chirurgie ist nicht nur der normale Verlauf der Arterien, sondern auch eine große Zahl von Variationen von Bedeutung, weil ihre Kenntnis oft vor schweren unerwarteten Blutungen schützen kann. Bei der Darstellung dieser Variationen ist es freilich nicht möglich, auf alle aus der anatomischen Literatur bekannten Varietäten einzugehen und sie durch Abbildungen zu erklären, da ihre Zahl enorm groß ist. Für viele Varietäten wurden Statistiken aufgestellt, die aber für den Praktiker nicht sehr viel Wert haben, denn wenn er eine Blutung plötzlich vor sich sieht, ist es für ihn gleichgültig, ob das abnorme Gefäß häufig oder weniger oft an der betreffenden Stelle gefunden wurde. Eine ungefähre Angabe der Häufigkeit dürfte aber vielleicht erwünscht sein, weil daraus auf die Gefahren an bestimmten Stellen geschlossen werden kann. Auf die Variationen der ganz großen Gefäße, wie z. B. die abnorme Lagerung der Aorta mit Ringbildung usw., wird einerseits wegen der enormen Seltenheit, andererseits auch deshalb nicht eingegangen, weil die topographischen Beziehungen dieser Varietäten immer nur höchst mangelhaft beschrieben sind.

In Betracht kommen alle Gefäße, welche man bei der Freilegung des Kuppelraumes von den verschiedenen Seiten her antreffen kann, also nicht nur jene, welche der Pleurakuppel wirklich direkt anliegen. Da bei der Apikolyse die Pleurakuppel medial oft ziemlich tief herunter abgelöst wird, ist es auch geboten, jene Gefäße zu beschreiben, welche im oberen Mediastinum der Pleura mediastinalis anliegen.

Aorta. Die Aorta ascendens steigt, innerhalb des Perikards gelegen, nach rechts oben fast senkrecht auf und wendet sich dann derart nach links und hinten, daß sie die Wirbelsäule am vierten Thorakalwirbel erreicht. Die Höhe ihres Bogens liegt in einer Ebene mit dem Ansatz der ersten Rippe an das Brustbein. Die Konvexität der Aorta nach rechts kommt der Pleura mediastinalis nahe, ohne sie im allgemeinen vorzuwölben (Abb. 5); wohl aber würde ein Aneurysma der Aorta die Pleura gegen die Lunge vordrängen müssen. Der linke Teil des Arcus aortae (Abb. 6) dagegen wölbt, ehe er in die Aorta descendens übergeht, die Pleura mediastinalis sinistra deutlich vor und ruft einen Eindruck an der Lunge hervor. Auf die seltenen Varietäten der Aorta wird aus den eben erwähnten Gründen nicht eingegangen.

Die Äste des Arcus aortae sind die A. brachiocephalica[1], carotis communis sinistra und subclavia sinistra (Abb. 7). Da der Aortenbogen von rechts vorne nach links hinten eingestellt ist und seine Ebene sich mehr der Sagittalen als der

[1] A. anonyma.

Frontalen nähert, liegt der Ursprung der A. brachiocephalica nicht nur am weitesten rechts, sondern gleichzeitig am weitesten vorne, jener der A. subclavia sinistra am weitesten links und hinten.

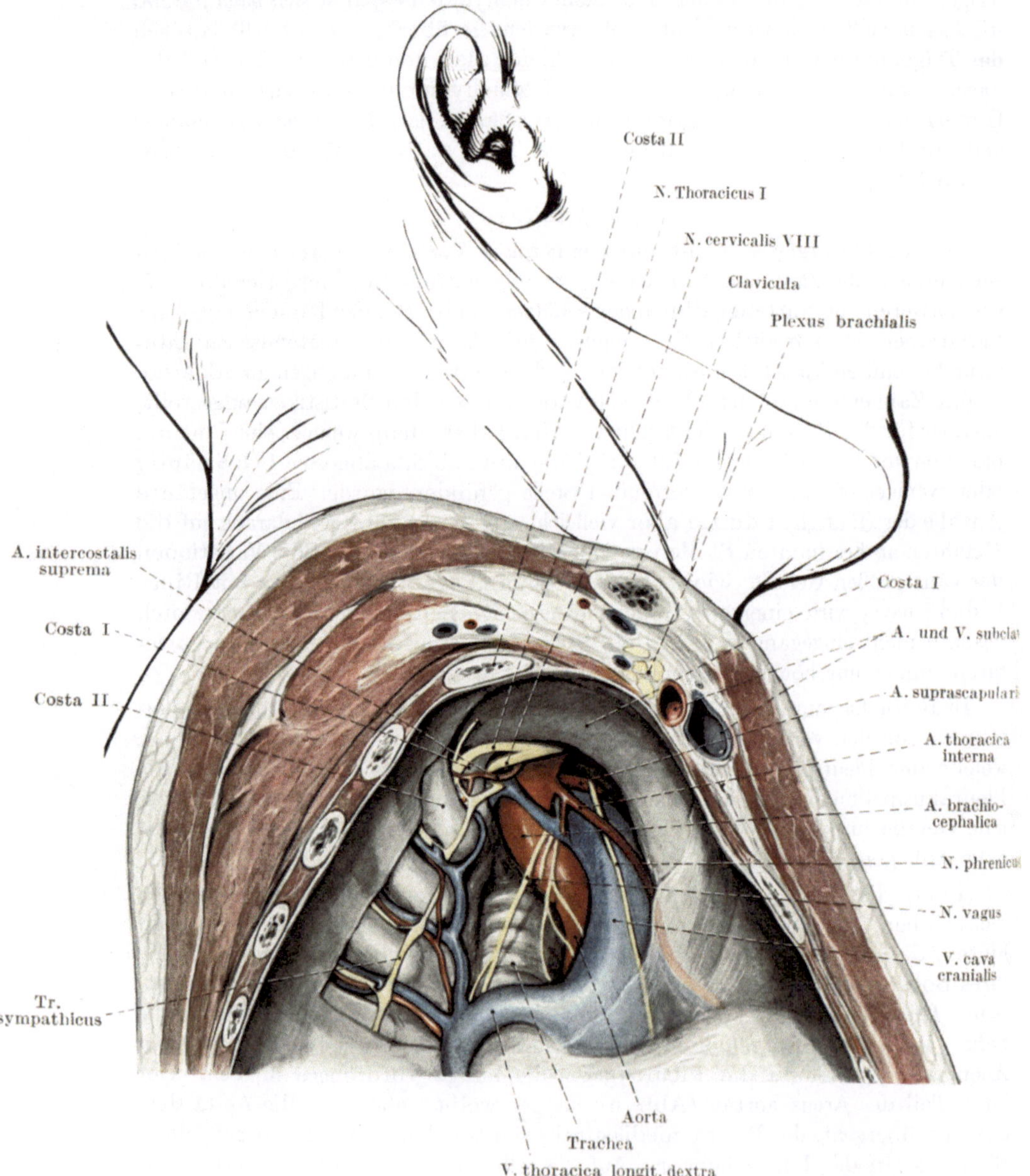

Abb. 5. Das Mediastinum in der Ansicht von rechts.

Die *A. brachiocephalica*[1] (Abb. 5) erreicht die Pleura mediastinalis nicht; sie steigt nach hinten und oben in der Tiefe hinter der Vorwölbung der V. cava

[1] A. anonyma.

cranialis versteckt auf. Dagegen sieht man auf der linken Seite vom Bogen der Aorta schon durch die Pleura hindurch die wulstförmige Vorwölbung der A. subclavia sinistra fast senkrecht nach oben hin verlaufen (Abb. 6). Die zahlreichen Variationen im Ursprunge der großen Arterien führen zu einer Vermehrung

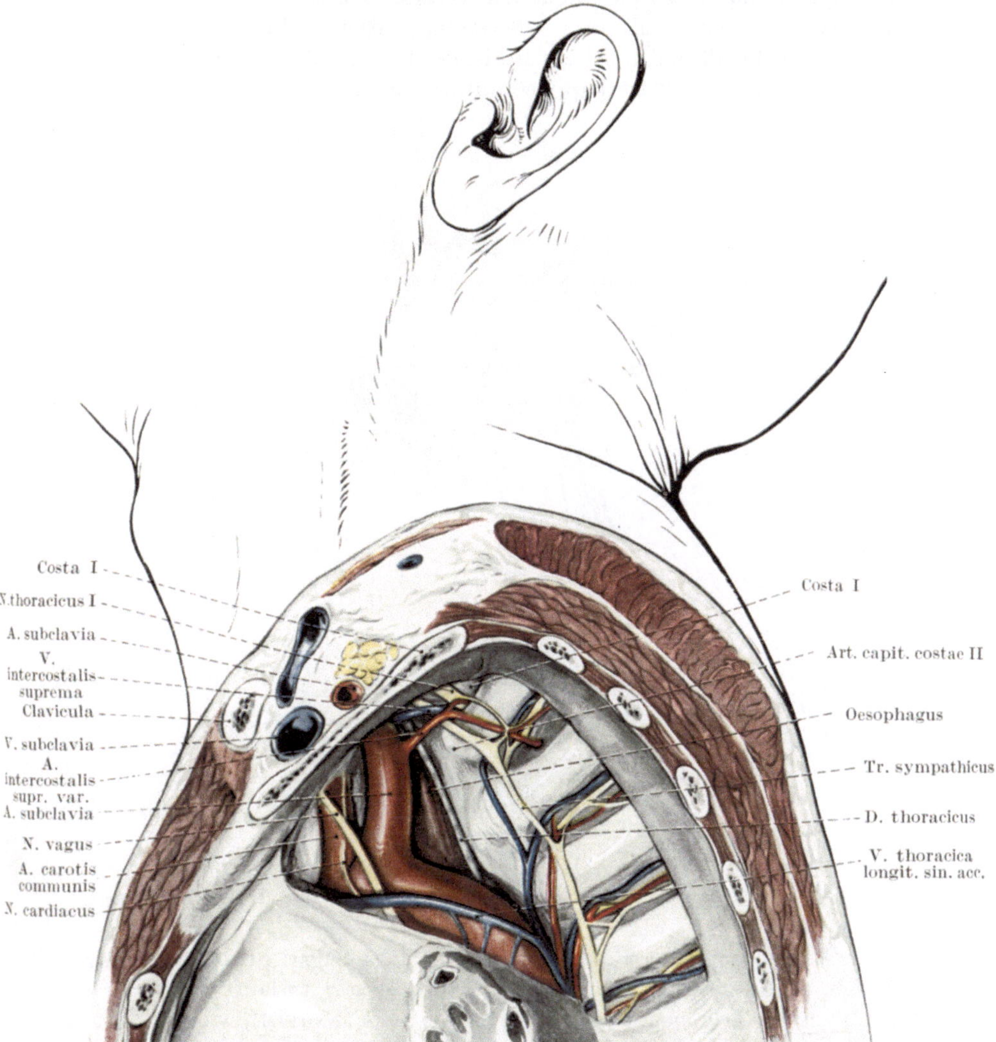

Abb. 6. Das Mediastinum in der Ansicht von links.

oder Verminderung der Abgänge aus dem Aortenbogen oder zu einer Änderung der Reihenfolge der Gefäße. Wichtig ist der Ursprung der A. vertebralis aus der Aorta, ein Verhalten, welches bei der A. vertebralis besprochen wird. Nicht so selten findet man den Abgang der Gefäße in der Reihenfolge: A. carotis comm. dextra, carotis communis sinistra, subclavia sinistra, subclavia dextra. Dieses Verhalten läßt sich entwicklungsgeschichtlich leicht erklären. Die A. subclavia dextra liegt dann viel tiefer im Thorax als normal und zieht hinter dem Oesophagus oder zwischen ihm und der Trachea hinüber auf die rechte Seite. Zahlreiche Fälle dieser Varietät wurden — allerdings ohne genaue topographische Angaben — beschrieben (HOLZAPFEL 1899).

A. subclavia (Abb. 12—15). Die rechte und linke A. subclavia verhalten sich entsprechend ihrem verschiedenen Ursprunge nicht gleich. Rechts ist die A. subclavia viel kürzer als links. Sie steigt in flachem Bogen, der Pleura anliegend, über die Pleurakuppel auf und macht auch auf der Lunge selbst einen Eindruck. Über die Pleurakuppel hinwegziehend, erreicht das Gefäß den

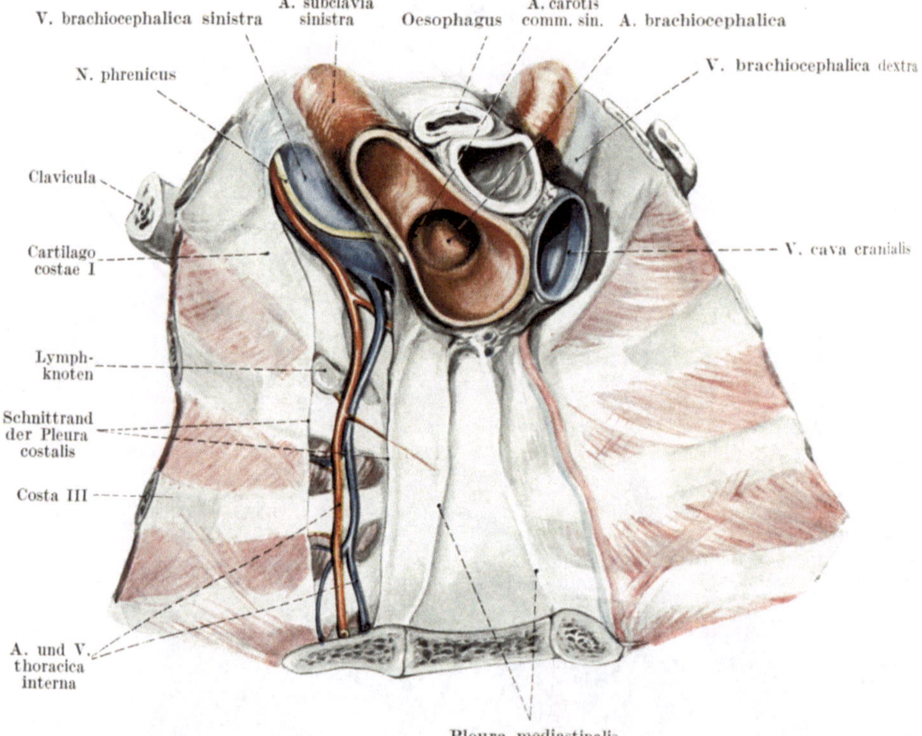

Abb. 7. Die vordere Thoraxwand und die großen Gefäße des Mediastinum in der Ansicht von dorsal.

medialen Rand der ersten Rippe und legt sich im Sulcus arteriae subclaviae hinter den Ansatz des M. scalenus ventralis. Weiter verläuft sie unter der Clavicula in das Trigonum deltoideo-pectorale (MOHRENHEIM), wo sie vom M. pectoralis major bedeckt ist. Dabei liegt sie etwas hinter und lateral von der Vene und wird selbst an ihrer lateralen Seite vom Plexus brachialis flankiert. Im allgemeinen liegt der Beginn der rechten A. subclavia, also die Teilungsstelle der A. brachiocephalica hinter dem Sternoclaviculargelenk. Es kommt aber vor, daß die Brachiocephalica länger oder kürzer ist als normal; dadurch verschiebt sich der Ursprung der Subclavia nach aufwärts oder abwärts.

Bei sehr langer A. brachiocephalica kann die A. subclavia so hoch liegen, daß sie die erste Rippe nicht mehr berührt. Der Plexus brachialis liegt dann teilweise caudal von ihr an normaler Stelle auf der ersten Rippe. Linkerseits, wo die A. subclavia direkt aus dem Arcus aortae entspringt, liegt sie tiefer im Thorax; ihre Beziehungen zur Pleura wurden oben beschrieben. Infolge der tieferen Lage ist ihr Verlauf fast senkrecht und führt sie vor dem Oesophagus zur ersten Rippe. Der Bogen, mit welchem sie in die Scalenuslücke eintritt, ist ziemlich eng. Schon in der Lücke besteht kein Unterschied mehr zwischen der rechten und linken Seite. Operativ wichtige und interessante Variationen finden sich im Verhalten zur ersten Rippe. Während im allgemeinen die Beschreibung der Topographie des Plexus brachialis und der A. subclavia dahin geht, daß man sagt, beide verlaufen durch die hintere Scalenuslücke, das ist zwischen dem M. scalenus ventralis und medius, ist das Verhalten der beiden

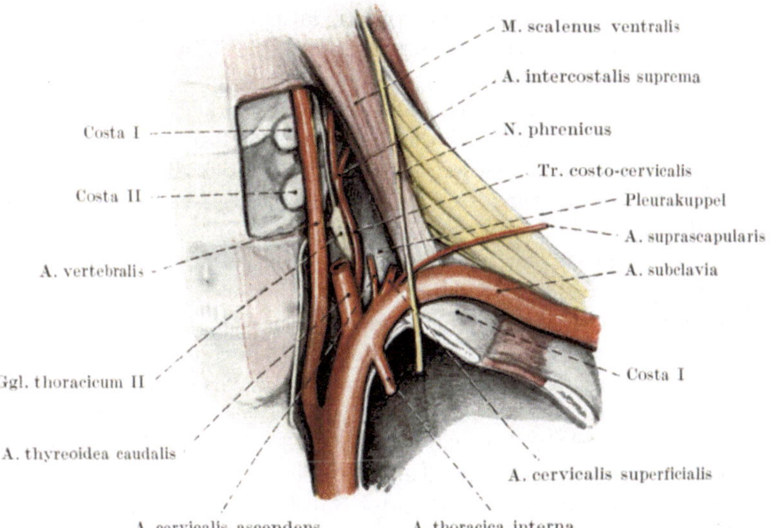

Abb. 8. Die A. subclavia verläuft abnormerweise durch die vordere Scalenuslücke. Die obere Thoraxapertur fällt sehr steil ab.

Gebilde zu den Muskeln doch nicht immer so einfach. Gar nicht so selten ist der M. scalenus minimus ausgebildet, der, wie beschrieben, ein ziemlich starkes Bündel darstellen oder zu einem bindegewebigen Strange reduziert sein kann. Dieses Gebilde verläuft zwischen Plexus und Arterie. Es wird also die hintere Scalenuslücke zweigeteilt; durch die vordere Abteilung geht die Arterie, durch die hintere der Plexus. Die Reihenfolge, in welcher man dann die Gebilde auf der Kranialseite der ersten Rippe bei der Freilegung von hinten her trifft, ist daher M. scalenus medius, Plexus brachialis, M. scalenus minimus, A. subclavia, M. scalenus ventralis, V. subclavia (Abb. 13, 15, 18—20). In diesen Fällen ist daher keine Verlagerung der Arterie oder der Muskeln eingetreten, wie man vielleicht vermuten könnte, wenn man zuerst auf einen Muskel und dann erst auf die Arterie trifft.

Etwas anderes ist es bei der Variation, welche Abb. 8 zeigt; hier handelt es sich tatsächlich um eine abnormale Beziehung zwischen den Scaleni und der Arterie, welche darin besteht, daß die Arterie zusammen mit der Vene vor dem Scalenus ventralis, über die erste Rippe zieht. Die morphologische Erklärung für die abnorme Topographie dürfte wohl in den meisten Fällen in Besonderheiten der Muskulatur zu suchen sein. Eine starke Ausbildung des M. scalenus minimus bei gleichzeitigem Fehlen des M. scalenus ventralis muß den Anschein erwecken, als ziehe die Arterie durch die vordere Scalenuslücke. Natürlich ist aber auch eine wirkliche Verlagerung des Gefäßes vor den M. scalenus ventralis denkbar. Für das Auftreten von tatsächlichen Verlagerungen der Arterie spricht der Umstand, daß W. KRAUSE S. 258 einen Fall beschreibt, wo die Arterie zwischen dem M. scalenus medius und dorsalis hindurch trat und der Plexus vor ihr lag. Auch Inselbildung um den Ansatz des M. scalenus ventralis wurde beobachtet (HYRTL) sowie eine Vertauschung von Arterie und Vene, wobei die Arterie durch die vordere, die Vene durch die hintere Lücke zog. Da auch die Vene einen Ring um den Ansatz des M. scalenus ventralis bilden kann, sind soviele Möglichkeiten vorhanden, an einer Stelle eines der großen Gefäße zu verletzen, wo normalerweise keine Gefahr besteht, daß auf jeden Fall die Freilegung der Kranialseite der ersten Rippe nur mit der allergrößten Vorsicht durchgeführt werden darf. Die meiste Sicherheit ist gegeben, wenn man sich ganz knapp an die Rippe hält. Schon bei der Besprechung der Rippen wurde gesagt, daß bei Vorhandensein einer Halsrippe sich die Arterie zu ihr so verhält, wie normalerweise zur ersten Rippe. Bedingung ist aber, daß die Halsrippe eine entsprechende Länge, mindestens 5,6 cm, aufweist. Setzt sich die Halsrippe nach vorne hin durch einen bindegewebigen Strang fort, dann verläuft die Arterie über diesen Strang.

Die Äste der A. subclavia entspringen teils vor dem Eintritt des Gefäßes in die Scalenuslücke, also aus dem Halsteil desselben, das sind die A. vertebralis, thoracica interna, Truncus thyreo-cervicalis und costo-cervicalis, teils nach dem Austritt aus der Scalenuslücke, das ist die A. transversa colli.

A. vertebralis (Abb. 8, 12, 14). Sie ist der stärkste Ast der A. subclavia und entspringt rechts aus dem konvexen Teile des Bogens der Schlüsselbeinarterie, links setzt sie die aufsteigende Richtung der Subclavia fort und entspringt dort, wo die Subclavia zum Bogen über die erste Rippe ansetzt. Da die Subclavia rechts mehr der vorderen Brustwand genähert ist als links, ist auch die Lage der Vertebralis auf den beiden Seiten nicht gleich. Rechts zieht sie von der Ursprungsstelle schief nach oben und hinten in die Furche zwischen M. longus colli und scalenus ventralis, links erreicht sie die Furche, indem sie senkrecht aufsteigt, ohne dabei nach hinten zu ziehen. Mit anderen Worten kann man auch sagen, die Vertebralis liegt auf der linken Seite von Anfang an mehr dorsal als auf der rechten. Dadurch kommt sie der ersten Rippe rechts viel weniger nahe als links, wo sie den Hals der ersten Rippe nahe dem Köpfchen fast berührt. Rechts liegt sie wohl auch vor dem Rippenhals, aber ohne ihn zu berühren. Dieses Verhalten ist bei der Entfernung des medialen Stumpfes der I. Rippe natürlich von großer Bedeutung, da es links viel leichter zu einer Verletzung der Arterie kommen kann als rechts. Nach aufwärts verfolgt, liegt das Gefäß auf beiden Seiten in gleicher Weise vor dem Querfortsatz des siebenten Halswirbels und tritt normalerweise in das Foramen transversarium des sechsten Wirbels ein.

Als Variation kommt hier nur die Verlagerung des Ursprunges der linken Vertebralis in Betracht, welcher sich entlang der A. subclavia bis auf die Aorta verschieben kann, so daß die Vertebralis zwischen A. carotis communis sinistra und subclavia sinistra entspringt. Das Gefäß wendet sich in diesem Falle nach rückwärts und aufwärts, so daß es auch dem Collum der zweiten Rippe sehr nahe kommen kann.

A. thoracica interna[1] (Abb. 7, 8, 12, 14). Sie geht aus der konkaven Seite des Bogens der A. subclavia hervor und verläuft über die Pleurakuppel nach vorne und unten; dabei kreuzt sie den N. phrenicus (s. S. 41). Die vordere Brustwand erreicht sie lateral vom Sternoclaviculargelenk und liegt hinter dem Knorpel der ersten Rippe. Wenn das Manubrium sterni sehr weit nach lateral ausladet, kann die Arterie auch hinter seinem lateralen Anteile liegen. Im weiteren Verlaufe folgt die A. thoracica interna in ungefähr 1 cm Abstand dem lateralen Rande des Sternum, doch ist die Entfernung nicht immer ganz gleich. Im kranialen Anteile ist die Arterie von der Fascia endothoracica bedeckt; schon von der dritten oder vierten Rippe an schiebt sich aber zwischen sie und die Fascie der M. triangularis sterni. Hoch oben, oft schon im Gebiet der ersten Rippe, entläßt sie die A. pericardiaco-phrenica, welche den N. phrenicus begleitet. Die Pleura erhält ganz feine Zweige, welche als Aa. mediastinales ventrales bezeichnet werden. Sehr wichtig sind die Verbindungen der A. thoracica interna mit den Intercostalarterien. In den oberen Zwischenrippenräumen entläßt die Arterie je zwei Äste nach lateral, Rr. intercostales. Sie stehen im Zusammenhange mit den später zu beschreibenden Aa. intercostales. Bei ihrem Abgang von der Thoracica liegen die vorderen Intercostalarterien dicht unter der Pleura und gelangen dann nach lateral zwischen die Schichten des M. intercostalis internus. In jedem Intercostalraum treten außerdem vordere Äste als Rr. perforantes zur Thoraxmuskulatur aus. Variationen der A. thoracica interna betreffen vor allem das Anfangsstück, indem der Ursprung der Arterie an der Subclavia nach lateral verschoben sein kann, so daß die Arterie lateral von der hinteren Scalenuslücke entsteht, der A. subclavia entgegen durch die Lücke zieht, um erst dann nach unten umzubiegen; hierbei liegt sie der Pleurakuppel in weiterem Ausmaße an als normal. Eine andere Variation betrifft das Auftreten eines überzähligen Astes, der A. thoracica interna lateralis[2]. Dieser Ast geht von der Thoracica interna hinter dem Knorpel der ersten Rippe ab und läuft in der Mammillarlinie an der Innenseite der Brustwand nach abwärts. Das Gefäß anastomosiert so wie die Thoracica selbst, in den Intercostalräumen mit den Intercostalarterien.

Der *Truncus costo-cervicalis* (Abb. 8) entsteht aus der Hinterwand der A. subclavia etwas lateral vom Ursprunge der A. vertebralis, gelangt in einem kurzen, nach aufwärts konvexen Bogen, der über der Pleurakuppel liegt, nach hinten und teilt sich an der Wirbelsäule in die A. cervicalis profunda und die A. intercostalis suprema.

Die *A. cervicalis profunda* (Abb. 8) tritt zwischen dem Hals der ersten Rippe und dem Processus transversus des siebenten Halswirbels hindurch zur tiefen Nackenmuskulatur, welche sie weit hinauf versorgt. Auch nach caudal kann sie einen Ast in die Rückenmuskulatur entsenden. Wichtig sind die kleinen Rr. spinales, welche durch die untersten Foramina intervertebralia der Halswirbelsäule eintreten.

Der zweite Ast, die *A. intercostalis suprema* (Abb. 5, 8, 14, 15) zieht vor dem N. thoracalis I, der über den Hals der ersten Rippe zur hinteren Scalenuslücke

---

[1] A. mammaria interna. — [2] A. mammaria interna lateralis.

aufsteigt, herab in den ersten Intercostalraum; hierbei liegt sie dem hinteren Abhange der Pleurakuppel an. Nach Abgabe eines intercostalen Astes kreuzt sie meist auch noch die zweite Rippe und bildet die A. intercostalis secunda.

Der *Truncus thyreo-cervicalis* ist der kurze gemeinsame Stamm für folgende vier Arterien: Thyreoidea caudalis, cervicalis ascendens, cervicalis superficialis und suprascapularis. Der starke Truncus entsteht aus der A. subclavia gerade vor deren Eintritt in die hintere Scalenuslücke. Es kommt häufig vor, daß nicht alle der aufgezählten Äste aus dem Truncus selbst entspringen, sondern nahe beisammen aus der A. subclavia entstehen. Manchmal kommt aus dem Truncus auch die A. thoracica interna. Der Truncus selbst, der aus der konvexen Seite der A. subclavia stammt, besitzt wohl keine direkten Beziehungen zur Pleurakuppel, wohl aber zum M. scalenus ventralis. Der Truncus liegt dem Muskel von der medialen Seite her an, seine Äste, die nach lateral verlaufen, kreuzen ihn ventral. Die beiden ersten Äste, A. thyreoidea caudalis und A. cervicalis ascendens sind operativ hier nicht von Bedeutung. Die A. cervicalis ascendens steigt auf dem M. scalenus nach aufwärts, medial vom N. phrenicus gelegen. Die A. thyreoidea zieht über den M. longus colli zur Schilddrüse. Eine interessante Variation des Ursprunges der Arterie ist auf S. 30 beschrieben.

Wichtig sind dagegen die beiden anderen Äste des Truncus (Abb. 8, 9, 10), die A. suprascapularis[1] und die A. cervicalis superficialis, die, wie erwähnt, beide durch die vordere Scalenuslücke nach lateral verlaufen. Für die Thoracoplastik liegt die Bedeutung dieser beiden Arterien nicht so sehr in ihrem Ursprungsgebiet, als in ihrem Verlauf und der Endverzweigung. Die Darstellung des Verlaufes bietet gewisse Schwierigkeiten, da beide Gefäße und dazu noch die gleich zu beschreibende A. transversa colli für einander eintreten können und oft ein Ast der einen Arterie von einer anderen übernommen wird. Dazu kommt, daß in der Literatur sehr divergierende Angaben über die Häufigkeit bestimmter Verzweigungen zu finden sind, was sicherlich zu mindestens teilweise auf rassenmäßige Verschiedenheiten zurückgeht. Die einzelnen anatomischen und chirurgischen Autoren benennen die Gefäße nach verschiedenen Gesichtspunkten, was noch mehr ein Zurechtfinden in den Beschreibungen erschwert. Während die deutschen Autoren die Gefäße nach ihrem Ursprunge und Verlauf bezeichnen und homologisieren, geben die Franzosen allen Gefäßen, die zu einem bestimmten Teil der Schultermuskulatur ziehen, denselben Namen, gleichgültig wo der Ursprung der Gefäße liegt. Hier ist es vor allem Bernou und Frouchaud, die sich eingehend mit den beiden Arterien befassen. Da die Namen in sehr zahlreichen Arbeiten vorkommen, empfiehlt es sich, die deutschen und französischen Namen einander gegenüberzustellen. Die A. suprascapularis = transversa scapulae heißt A. scapulaire superieur, die A. transversa colli A. scapulaire posterieur, während die A. cervicalis superficialis gar nicht als besonderes Gefäß aufgezählt wird, sondern nur als dünner überzähliger Ast des Truncus thyreo-cervicalis den Namen A. cervicale transverse führt.

Am klarsten und übersichtlichsten erscheint die klassische Darstellung von Henle, welchem als letzter Untersucher Röhlich folgt.

Zur Charakteristik der Gefäße dient am besten folgendes: *A. suprascapularis*[1] (Abb. 8—10). Sie ist ein direkter Ast des Truncus thyreo-cervicalis oder hat

[1] A. transversa scapulae.

einen gemeinsamen Stamm mit der A. cervicalis superficialis, zieht nach lateral durch die vordere Scalenuslücke, wobei sie der Sehne des M. scalenus ventralis nahe von deren Insertion anliegt. Im Bogen kommt sie an den hinteren Umfang der Clavicula. In ihrem weiteren Verlaufe schmiegt sie sich dicht an die V. suprascapularis, bleibt aber immer vom oberen Rande des Schlüsselbeines

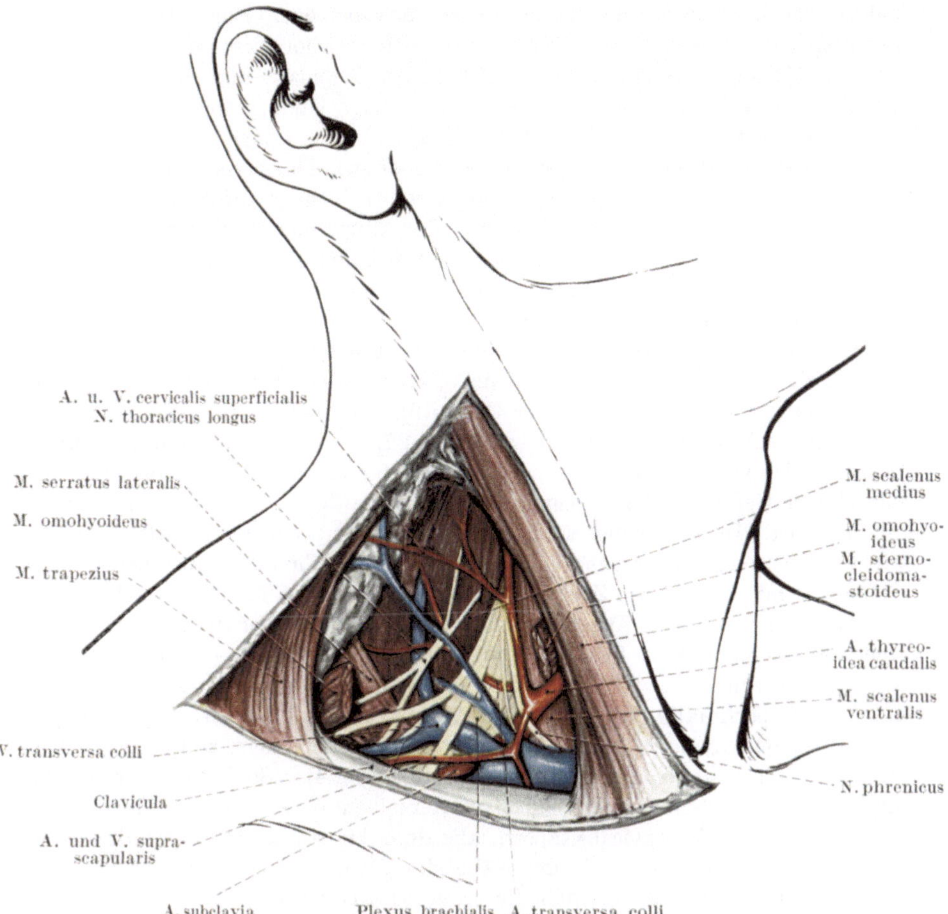

Abb. 9. Das Trigonum colli laterale. Der Tr. thyreocervicalis entspringt abnormal lateral von der Scalenuslücke.

gedeckt; an der Scapula angelangt, tritt sie über der Incisura scapulae auf die dorsale Seite des Schulterblattes, wo sie dessen kurze Muskulatur versorgt, aber auch an den Ansatz des M. trapezius einen Ast abgibt.

A. cervicalis superficialis (Abb. 9, 10). Zusammen mit der A. suprascapularis zieht sie, etwas weiter kranial gelegen als diese durch die Scalenuslücke, und verläuft dann in wechselnder Höhe nach lateral. Dabei wird sie vom caudalen Bauch des M. omohyoideus gekreuzt und liegt selbst oberflächlich auf dem Plexus brachialis; daher stammt auch ihr Name superficialis. Die Arterie zieht an die mediale Seite des M. trapezius und erreicht am Angulus scapulae den

N. accessorius, welchem sie, an der Innenseite des genannten Muskels gelegen, weit nach abwärts folgt. Sie hat daher dieselbe Topographie zum Trapezius wie der Nerv und wird um so sicherer geschont, je weiter medial man den Trapezius durchtrennt.

Operativ wichtig erscheint vor allem eine Variation im Ursprung des Truncus thyreo-cervicalis. Dieser kann abnormerweise erst aus der A. subclavia entstehen, nachdem diese die Scalenuslücke passiert hat. Ein solcher Fall ist auf Abb. 9 zu sehen. Hier kommt auch die A. thoracica interna aus dem Truncus. Während normalerweise die Aa. suprascapularis und cervicalis superficialis, wie erwähnt, durch die Scalenuslücke nach lateral verlaufen, zieht hier die A. thyreoidea caudalis als starkes Gefäß von lateral nach medial durch die Öffnung und liegt dabei kranial von der V. subclavia. Die A. cervicalis ascendens folgt dem lateralen Rande des M. scalenus ventralis nach aufwärts und hat an ihrer lateralen Seite den N. phrenicus, der durch den verlagerten Truncus thyreo-cervicalis gezwungen wird, einen weiten Umweg nach lateral zu machen, und erst am unteren Ende der vorderen Scalenuslücke nach medial in den Thorax abbiegen kann.

A. transversa colli (Abb. 9). Sie ist ein direkter Ast der A. subclavia, welcher erst innerhalb der hinteren Scalenuslücke, oder meistens dort entsteht, wo die Arterie aus der Lücke austritt. Der Ursprung kann sich aber auch noch weiter lateral an der A. subclavia verschieben (Abb. 22). Die Arterie ist schon an ihrem Ursprung dadurch charakterisiert, daß sie tiefer liegt als die beiden eben beschriebenen Gefäße. Dazu kommt noch, daß sie durch den Plexus brachialis hindurchtritt. Im folgenden wird daher immer nur eine Arterie als A. transversa colli bezeichnet werden, die dieses Merkmal in ihrem Verlaufe zeigt. Das Gefäß kommt auf seinem Zuge nach hinten auf dem M. scalenus medius und dorsalis gelegen, an den Angulus scapulae und teilt sich hier in einen auf- und einen absteigenden Ast. Der R. ascendens ist der schwächere, er anastomosiert mit der A. cervicalis superficialis. Dadurch wird die Übernahme dieses Astes durch die Superficialis begreiflich. Das Versorgungsgebiet des R. ascendens ist die Nackenmuskulatur (Abb. 3, 16—20). Der R. descendens zieht unter dem M. levator scapulae hindurch nach abwärts (Abb. 4). So kommt er an die Mm. rhomboidei, denen er von innen in derselben Weise anliegt, wie der absteigende Ast der A. cervicalis superficialis dem Trapezius. Es liegt daher auch das Gefäß der Rhomboidei in der Nähe des Muskelansatzes an der Scapula. Nicht selten kommt es vor, daß die A. cervicalis superficialis ein schwaches Gefäß ist, dann wird der Ast, der dem M. trapezius von innen anliegt, von der A. transversa colli übernommen, so daß diese dann einen aufsteigenden Zweig zur Nackenmuskulatur und zwei absteigende Äste besitzt, von denen der eine an der Innenseite des M. trapezius, der andere an der Innenseite der Rhomboidei verläuft. Beide liegen parallel zueinander nahe am Ansatz der Muskeln an dem medialen Rande der Scapula. Andere Variationen beziehen sich auf den Verlauf des Stammes, der gegen den oberen Rand des M. serratus lateralis ausbiegen und diesem dann nach hinten folgen kann; in einem solchen Falle muß die Arterie viel näher an die erste Rippe herankommen, als bei dem gewöhnlichen geraden Verlauf.

Die Gefäße im Trigonum colli laterale variieren so stark, daß eine charakteristische A. transversa colli, die den Plexus brachialis durchbohrt, nach

Röhlich bei Europäern in 65% vorkommt, sich bei Japanern nach Adachi nur in 13% der Fälle findet.

Die Beziehung zum Plexus brachialis selbst wechselt aber insoferne, als die Arterie wohl meistens zwischen C VI und C VII durchtritt, häufig aber auch zwischen C VII und C VIII gefunden wird; sehr selten liegt sie noch weiter caudal zwischen C VIII und Th I. Am seltensten findet man sie vollkommen medial vom Plexus. Aber gerade diese Lage ist operativ wichtig, da sie in solchen Fällen nahe an die erste Rippe herankommt.

Den M. scalenus medius kann die A. transversa colli an seiner lateralen Seite kreuzen, sie kann ihn durchbohren oder sogar medial von ihm verlaufen. In der Topographie zum Scalenus medius und zum Plexus besteht insoferne eine Beziehung, als die Arterie dann, wenn sie schon innerhalb der Scalenuslücke aus der A. subclavia entsteht, zwischen den caudalen Stämmen des Plexus durchtritt und hinter dem Scalenus verläuft. Entspringt die A. transversa colli wie gewöhnlich gleich nachdem die A. subclavia aus der Scalenuslücke ausgetreten ist, dann tritt sie zwischen den oberen Stämmen des Plexus durch und verläuft lateral vom M. scalenus medius nach hinten. Die A. transversa colli kann auch schon medial von der Scalenuslücke, z. B. gemeinsam mit dem Truncus costo-cervicalis entstehen, dann verhält sie sich im lateralen Halsdreieck so, wie wenn sie innerhalb der Lücke von der A. subclavia abgegangen wäre. Entspringt das Gefäß schließlich ganz weit lateral aus der A. subclavia, dann durchbohrt es den Plexus viel weiter distal und tritt mit dem M. scalenus medius nicht in direkte Beziehung, da sie der ersten Rippe ungefähr parallel nach hinten zieht.

Für die Rippenresektion ist endlich noch der Verlauf der *Intercostalarterien* von Bedeutung. Wie schon auseinandergesetzt wurde, werden der erste und meist auch noch der zweite Intercostalraum von der A. intercostalis suprema versorgt, welche auf S. 27 beschrieben wurde. Vom dritten Intercostalraum abwärts obliegt die Versorgung jedoch den Aa. intercostales aus der Aorta.

Da die Aorta die Wirbelsäule links von der Medianebene in der Höhe des dritten und vierten Wirbels erreicht, sind die rechten Intercostalarterien alle viel länger als die linken. Außerdem müssen die kranialen Aa. intercostales, um ihren Zwischenrippenraum zu erreichen, steil nach aufwärts ziehen, und zwar um so steiler, je weiter kranial ihr Gebiet liegt.

Die Intercostalarterien der linken Seite (Abb. 6) ziehen, vom Grenzstrang ventral gekreuzt, direkt zu ihrem Intercostalraum. Die rechten (Abb. 5) dagegen ziehen zuerst hinter dem Oesophagus, dem Ductus thoracicus und der V. thoracica longitudinalis dextra[1] an der rechten Seite der Wirbelkörper nach hinten und erreichen so die Brustwand, wo sie ebenfalls vom Grenzstrang ventral gekreuzt werden. Die obersten, steil nach kranial aufsteigenden Gefäße kommen in ihrem Verlaufe sehr nahe an die Rippenköpfchen oder ziehen über das Costo-vertebralgelenk hinweg. Dies findet sich besonders an der dritten und vierten Arterie; die caudalen Gefäße ziehen horizontal und gelangen zwischen den Rippenköpfchen hindurch zu ihrem Intercostalraum. Auch vor dem Köpfchen der zweiten Rippe findet sich oft eine Arterie, welche entweder ein Ast der A. intercostalis suprema ist oder eine wahre Intercostalarterie.

---

[1] V. azygos.

Im weiteren Verlauf verhalten sich die Intercostalarterien rechts und links im allgemeinen gleich. Zur Seite des Wirbels schickt jede Intercostalis einen Ast, R. dorsalis, zur Rückenmuskulatur und in den Rückgratskanal. Dieser R. dorsalis zieht durch die Öffnung, welche lateral vom Lig. costo-transversarium abgeschlossen wird (s. S. 9). Die Intercostalis selbst ist weiterhin von der Pleura bedeckt, bis sie sich am Rande des M. intercostalis internus, zwischen die Intercostalmuskulatur einschiebt. Vorher schon hat sie sich meist in zwei Äste geteilt, von welchen der obere, meist stärkere, sich in den Sulcus costae der nächst höheren Rippe einlegt, während der untere dem Rande der nächst tieferen Rippe folgt. Beide Gefäße stehen miteinander, sowie mit den benachbarten Intercostales durch Anastomosen in Verbindung und gehen schließlich eine Verbindung mit der A. thoracica interna ein. Operative Bedeutung könnte die Variation erlangen, bei welcher eine Intercostalis oder ein Ast von ihr an der Innenseite der caudalen Rippe abwärts zieht, die Rippe also kreuzt, um den nächsten Intercostalraum zu versorgen. Es können auch zwei Intercostalarterien mit einem gemeinsamen Stamm entspringen, so daß auch dann an der Innenseite der Rippe ein Gefäß gefunden werden kann. Besonders im dorsalen Abschnitt der Rippen kommen derartige Überkreuzungen nicht selten vor. In der Axillarlinie findet sich manchmal die schon erwähnte A. thoracica interna lateralis, welche eine Verbindung der Intercostalgefäße darstellt.

Die Venen.

In der Gegend der Pleurakuppel sind die gesamten Venen, welche vom Arm, vom Hals, vom Nacken und aus den Intercostalräumen zusammenströmen, von Bedeutung. Ihre Lage erheischt nicht nur wegen ihrer Größe und der Zartheit ihrer Wandungen besondere Berücksichtigung, sondern auch wegen der Gefahr der Luftembolie, welche bei einer Verletzung der meisten dieser Venen eintreten kann. Die Wand der Venen ist hier nicht in lockeres Bindegewebe eingebettet, sondern mit der Umgebung mehr oder weniger fest verwachsen, so daß die verletzte Vene nicht kollabieren kann. Die Verwachsung kann auf zweierlei Weise zustande kommen. Erstens: Die Vene ist an eine in sich selbst feste Umgebung fixiert, wie z. B. die Vena subclavia dort, wo sie unter der Clavicula durchtritt; zweitens: Die Vene ist an eine bewegliche Fascie fixiert oder von einer solchen umgeben. In solchen Fällen wird sich die Vene je nach der Spannung der Fascie verschieden verhalten. Ist die Fascie durch die Haltung des Körpers oder das Verhalten der Muskulatur entspannt, dann kann die Vene kollabieren. Im Moment aber, wo die Fascie gespannt wird, ist dies nicht mehr möglich. Daher kann es vorkommen, daß bei Verletzung einer Vene im Moment der Entspannung der Fascie keine Luftembolie eintritt. Wird dann nachträglich die Fascie durch eine Bewegung des Körpers gespannt, dann wird die Vene geöffnet und die Luft strömt ein.

V. subclavia (Abb. 14, 19—22). Die Vene betritt die Region der oberen Thoraxapertur, von der Axilla herkommend, im Trigonum deltoideo-pectorale. Hier liegt sie zuerst unter dem M. pectoralis minor und nimmt an dessen oberem Rande die V. cephalica und den Truncus thoraco-acromialis auf. Die V. cephalica kann allerdings auch erst weiter proximal in die Subclavia einmünden. Im Verlauf zur ersten Rippe wird die V. subclavia vom M. pectoralis major und dessen tiefer Fascie, Fascia pectoralis profunda (Fascia clavi-pectoralis) gedeckt. An diese Fascie ist die Vene fixiert, kann daher nicht kollabieren. Die Fascie selbst ist immer gespannt. Sie umgreift den M. subclavius, der von der ersten Rippe zur Clavicula zieht, verdünnt sich weiter caudal in ihrem medialen Anteil, so daß sie zwischen M. pectoralis major und minor ein ganz zartes Blatt bildet. Nach lateral gegen den Processus coracoideus verdichtet sie sich zu einem starken Bandapparat. Die Vene ist um so besser an die Fascie fixiert, je weiter nach medial sie kommt. Die erste Rippe überquert sie in der vorderen Scalenuslücke, welche nach vorne durch den M. sternocleidomastoideus, nach hinten durch den M. scalenus ventralis, nach unten durch die erste Rippe und in dem Winkel zwischen der ersten Rippe und der Clavicula durch das Lig. costo-claviculare abgeschlossen wird.

Hinter dem Sternoclaviculargelenk findet die Vereinigung der V. subclavia mit der V. jugularis interna zur V. brachiocephalica[1] statt.

Die Äste der V. subclavia, die kranial von der Clavicula münden, verhalten sich folgendermaßen: Von oben kommt, oberflächlich in die Fascia superficialis eingebettet, die *V. jugularis superficialis dorsalis*[2] mit sehr verschiedenem Kaliber, welches von der Größe der Zuflüsse der Vene aus dem Gebiete des Kopfes abhängt. Die Vene mündet in verschiedener Art: Bei der einen Art des Verlaufes tritt sie, den M. omohyoideus ventral kreuzend, in den Winkel zwischen Clavicula und M. sternocleidomastoideus ein und durchbohrt dort die mittlere Halsfascie,. um zur V. subclavia zu kommen. In der Fascie ist sie fixiert und kann nicht kollabieren. Die Mündungsstelle kann durch eine Vene sehr verschiedenen Kalibers, den Arcus venosus juguli mit den Venen der anderen Seite verbunden sein. Dieses Gefäß zieht durch die vordere Scalenuslücke vor der V. subclavia und liegt dicht oberhalb des Manubrium sterni im Spatium interaponeuroticum suprasternale. Auch der Arcus ist durch Fixation an der Umgebung am Kollabieren gehindert. In anderen Fällen vereinigt sich die V. jugularis superficialis mehr oder weniger weit vom Venenwinkel entfernt, mit der V. supra-scapularis.

Die *V. suprascapularis*[3] (Abb. 9, 10) kommt von lateral, der Clavicula hinten und oben eng angeschlossen und mündet meistens in der Scalenuslücke in die V. subclavia.

Für die Thoracoplastik sind jene Venen wichtiger, welche den Aa. transversa colli und cervicalis superficialis entsprechen. Das Quellgebiet beider Venen ist die dorsale Schulterblattmuskulatur, also die Mm. trapezius, levator scapulae und rhomboidei. Der Verlauf der Venen variiert natürlich noch mehr als jener der Arterien. Jede der beiden Arterien kann eine Begleitvene haben; proximal trennen sich die Venen aber oft von ihren Arterien; die V. transversa colli (Abb. 9) verläuft meist mit der Arterie durch den Plexus brachialis und wird dann oberflächlich, um zur V. subclavia zu kommen. Die V. cervicalis superficialis kann dagegen ihre Arterie verlassen und nicht in die Subclavia, sondern weiter kranial in die V. jugularis interna oder auch oberflächlich in die V. jugularis superficialis münden. Es kommt auch vor, daß beide Venen einen gemeinsamen Stamm erhalten oder daß die V. transversa colli in die suprascapularis einmündet.

Jedenfalls ist mit dem Vorhandensein von kräftigen Venen in der Umgebung und zwischen den Ästen des Plexus brachialis zu rechnen, so daß es bei einer Operation oberhalb der Clavicula zu starken Blutungen kommen kann.

[1] V. anonyma. — [2] V. jugularis externa. — [3] V. transversa scapulae.

V. vertebralis (Abb. 10, 13, 14). In den Anfangsteil der V. brachiocephalica, also medial von der Vereinigungsstelle der V. subclavia und jugularis interna mündet die V. vertebralis. Sie kommt durch die Foramina transversaria der Halswirbel herab und tritt mit der Arterie unter dem Querfortsatz des sechsten

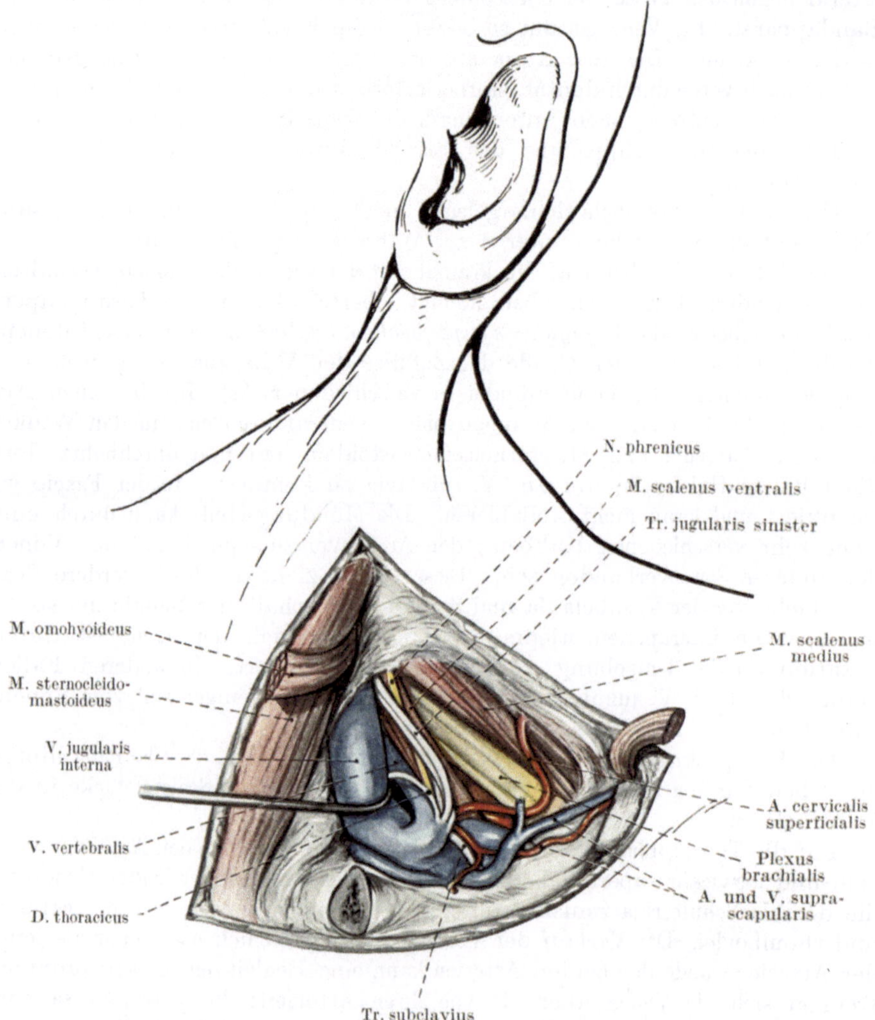

Abb. 10. Das Verhalten der Lymphstränge im Trigonum colli laterale.

(Abb. 15), manchmal aber auch erst unter dem des siebenten Halswirbels nach vorne aus. In ihrem Verlaufe zur Mündung liegt sie dabei vor dem Köpfchen der ersten Rippe. Sie selbst ist oft ein ziemlich schwaches Gefäß, und nimmt die V. cervicalis profunda auf, die aus der tiefsten Schichte der Nackenmuskulatur stammt, und leicht geschlängelt nach abwärts verläuft. Durch die Vereinigung der beiden Gefäße entsteht eine kräftige Vene, welche unter dem Namen V. vertebralis in die V. brachiocephalica mündet.

Von der Brustwand kommt die *V. thoracica interna*[1] (Abb. 7). Sie ist im caudalen Abschnitt doppelt und flankiert die gleichnamige Arterie; kranial wird sie einfach und erreicht die V. brachiocephalica am oberen Rande des Sternum, wobei sie medial von der Arterie liegt. Mit den Venen der Intercostalräume steht sie in Verbindung. Die Vasa thoracica haften fest an ihrer Unterlage, so daß sie beim Ablösen der Pleura an der Thoraxwand verbleiben.

Die *Vv. intercostales* (Abb. 5, 6) gleichen in ihrem Verlaufe den Arterien; sie liegen immer kranial von diesen, also mehr im Sulcus costalis der oberen Rippe. Wie die Arterien besitzen sie einen R. dorsalis, der unter dem Querfortsatz des Brustwirbels und dem Halse der Rippe hervorkommt. Der Stamm jeder V. intercostalis zieht zwischen den Köpfchen zweier benachbarter Rippen hindurch an die Seite des Wirbelkörpers. Die Intercostalvenen entleeren sich sowohl gegen die V. thoracica interna als auch gegen die V. thoracica longitudinalis dextra und sinistra[2]. Der Stamm des Sympathicus kreuzt die Gefäße ventral. Während die caudalen Intercostalvenen direkt oder mit gemeinsamen Stämmen in die Vv. thoracicae longitudinales dextra und sinistra einmünden, finden sich im oberen Teil der Brust besondere Anordnungen, und außerdem viele individuelle Schwankungen.

Im allgemeinen werden die Vv. intercostales I und II oft auch noch III zu einem gemeinsamen Stamm vereinigt gefunden, der rechterseits in die V. thoracica longitudinalis dextra einmündet. Der Venenstamm, der manchmal aus den Gefäßen der obersten Intercostalräume entsteht, kann auch selbständig als V. intercostalis suprema in die V. brachiocephalica münden.

Ähnlich verhalten sich auch die Venen der linken Seite. Die Intercostales des II.—V. Intercostalraumes sammeln sich in ein Stämmchen, welches sowohl mit der V. thoracica longitudinalis sinistra als auch mit der V. brachiocephalica sinistra in Verbindung stehen kann. In Abb. 6 ist ein Fall dargestellt, in welchem sich die gesamten kranialen Intercostalvenen mit Ausnahme einer V. intercostalis suprema durch eine V. thoracica longitudinalis sinistra accessoria[3] in die V. cava cranialis ergießen.

Wichtig ist, daß alle diese Venenstämme in die Fascia endothoracica eingebettet sind, welche hier die Pleura fest an die Rippen und die Wirbelkörper heftet. Die Venen können infolgedessen nicht kollabieren. Sind pleuritische Schwarten vorhanden, dann wird es wohl unmöglich sein, die Pleura ohne Verletzung der Venen abzulösen. Sicher besteht auf jeden Fall die Gefahr einer starken Blutung, wenn nicht der Luftembolie im Falle von brüskem und unvorsichtigem Ablösen der Pleura an dieser Stelle.

Lymphgefäßsystem.

Bei den in Rede stehenden Operationen können nicht nur die verschiedenen regionären Lymphknoten, sondern unter Umständen auch die Hauptlymphstränge, sogar der Ductus thoracicus angetroffen werden, der bei Operationen am Phrenicus sehr nahe am Operationsfeld liegt.

Neben den Vasa thoracica interna liegen die Lymphonodi retrosternales (Abb. 7). Sie erhalten ihre Lymphe vom Zwerchfell, aber auch aus der Mamma sowie dem oberen Teil der vorderen Bauchwand. Ihr Abfluß führt zum Ductus

[1] V. mammaria interna. — [2] V. azygos u. hemiazygos. — [3] V. hemiazygos accessoria.

thoracicus und Truncus subclavius. Die Knoten sollen aber auch direkt mit den Knoten oberhalb der Clavicula in Verbindung stehen, was nach KÜTTNER, das Auftreten von supraclavicularen Metastasen bei abdominalem Carcinom, erklärt.

Die zweite hier interessierende Gruppe von Knoten sind die Ln.[1] intercostales interni, vor allem jene, die zwischen den Rippenköpfchen gelegen sind. Sie nehmen die Gefäße aus den Intercostalräumen auf, sind unbeständig an Zahl und fließen gegen das Mediastinum oder den Ductus thoracicus ab. Vergrößerte Knoten werden bei der Ablösung der Pleura, sowie beim Auslösen der Rippenköpfchen Schwierigkeiten bereiten können.

In nächster Nähe des Operationsfeldes liegen die supra- und infraclavicularen Knoten und die Hauptlymphstränge. Was zuerst die letzteren anbetrifft, so kommt der Truncus jugularis (Abb. 10) vom Halse herab, der Truncus subclavius entlang der V. subclavia von den axillaren Knoten und der Truncus mediastinalis aus dem vorderen Mediastinum. Sie vereinigen sich rechts zum Truncus lymphaceus dexter, der in den Angulus venosus dexter einmündet. Links münden sie in den Duxtus thoracicus.

Bezüglich der Mündungen dieser Hauptlymphstränge finden sich zahlreiche Variationen. Der Ductus thoracicus selbst mündet entweder einfach in die Vene oder spaltet sich vor seiner Mündung in mehrere Äste auf, die getrennt zum Venenwinkel gelangen (s. S. 37).

Im einzelnen verhalten sich die Lymphgefäße und -knoten folgendermaßen:

Der vom Kopf herabziehende Truncus lymphaceus jugularis kommt, in mehrere Stämme gespalten, lateral und hinter der V. jugularis interna herab. Ihm sind die lateral von der V. jugularis gelegenen Ln. jugulares caudales angeschlossen, welche aber nicht nur von den Lymphgefäßen des Halses passiert werden, sondern auch mit den infraclavicularen Knoten in Zusammenhang stehen.

Die Knoten liegen teils dicht an der V. jugularis in dem Bezirk der von vorne durch den M. sternocleidomastoideus abgegrenzt wird, teils weiter lateral im Trigonum omoclaviculare, dessen Umrahmung der hintere Rand des Kopfnickers, die Clavicula und der M. omohyoideus bilden.

In dem Raume zwischen dem M. pectoralis minor und der Clavicula liegen die infraclavicularen Knoten. Ihren Abfluß bildet der Truncus subclavius, welcher sich knapp vor der Mündung in den Venenwinkel mit dem Truncus jugularis zum Truncus lymphaceus dexter vereinigt. Links münden der Truncus jugularis und subclavius getrennt in den Ductus thoracicus. So ziehen rechts und links entlang der V. subclavia Lymphgefäße nach aufwärts zum Venenwinkel (Abb. 10). Die infraclavicularen Knoten stehen aber auch mit den Supraclavicularen in Verbindung, so daß Anschwellungen dieser Knoten beobachtet wurden, während sich die infraclavicularen vollkommen normal verhielten. Variationen in der Mündung der Trunci lymphacei wurden beobachtet; sie haben keine besondere klinische Bedeutung. Der Ductus thoracicus selbst kann rechts statt links in den Venenwinkel münden, so daß sich die gesamten Mündungen der Lymphgefäße spiegelbildlich zum Normalen verhalten können. Diese Variation erklärt sich aus der doppelten Anlage des Ductus thoracicus; seine Verlagerung nach rechts ist meistens mit anderen Gefäßvariationen vergesellschaftet.

Der Ductus thoracicus interessiert hier wegen seiner Lage im oberen Mediastinum und wegen der Topographie seines Endstückes.

[1] Lymphonodi = Ln.

Im Mediastinum verläuft er zuerst rechts neben der Medianlinie, gelangt dann ungefähr in der Höhe des III. Brustwirbels nach links, wo er hinter dem Oesophagus und oberhalb des Arcus aortae erscheint (Abb. 6). Nun zieht er parallel zur A. subclavia aufwärts gegen den Hals. Von der linken Seite her gesehen findet man daher von vorne nach hinten von der Pleura mediastinalis bedeckt: A. carotis sinistra, Subclavia sinistra und den Ductus thoracicus dem Oesophagus angelagert.

Der Ductus liegt zwar der Pleura nicht direkt an; würde man aber bei unvorsichtigem Ablösen der Pleura der linken Seite sehr tief eindringen, dann könnte es zu einer Verletzung des Ductus kommen.

Das Halsstück des Ductus thoracicus erfordert besonderes Interesse, weil Verletzungen desselben unter Umständen tödlich sein können, und zwar dann, wenn der Ductus keine Inselbildungen an seiner Mündung zeigt. Der Ductus steigt am Halse im Trigonum scaleno-vertebrale aufwärts. Das Dreieck wird nach medial vom M. longus colli nach lateral durch den medialen Rand des M. scalenus ventralis begrenzt. Die Spitze des Dreieckes liegt am Tuberculum caroticum des sechsten Halswirbels, seine Basis ist nicht deutlich abgegrenzt. Vor dem Dreieck zieht die A. carotis communis nach aufwärts, ventral von ihr verläuft die V. jugularis interna. Zwischen beiden Gefäßen liegt der N. vagus. Hinter der V. jugularis kommt die V. vertebralis herab. Der Ductus steigt dorsal von der A. carotis communis sinistra aufwärts, zieht dann im Bogen zuerst nach lateral, zwischen der V. jugularis interna und der V. vertebralis hindurch und biegt schließlich nach caudal um, so daß er von oben und lateral her in das Venensystem mündet. Der Bogen des Ductus am Halse variiert stark. Man findet Fälle, wo er steil aufsteigt und dann in spitzem Winkel nach caudal zur Mündung zieht, und andere, in welchen er ganz flach ist. Immer liegt er an der Vorderfläche des M. scalenus und kreuzt den N. phrenicus, ein Umstand, der wegen seiner chirurgischen Bedeutung etwas näher zu erläutern ist (Abb. 10).

Wenn man lege artis bei der Aufsuchung des Nerven an der lateralen Seite des M. sternocleidomastoideus eingeht und den Muskelrand samt den dahinter gelegenen Gebilden nach medial verzieht, bis die weiße Fascie an der Vorderseite des M. scalenus ventralis erscheint, dann liegt unter dieser der N. phrenicus. Bei diesem Vorgehen besteht keine Gefahr für den Ductus, da er samt dem Muskel und den hinter diesem liegenden Gebilden nach medial gezogen ist; so kommt er gar nicht ins Gesichtsfeld. Es wäre aber möglich, daß durch unvorsichtiges Einsetzen des Hakens eine Verletzung des Ductus eintritt. Diese Gefahr wird dann groß sein, wenn der N. phrenicus tief unten am Halse, also caudal vom M. omohyoideus aufgesucht wird.

Kurz vor seiner Mündung spaltet sich der Ductus oft in mehrere Stämme, deren Öffnung so wie die des einheitlichen Ductus am häufigsten in den Venenwinkel selbst erfolgt. Es kommt aber auch vor, daß sich der Ductus in die V. brachiocephalica, jugularis oder subclavia ergießt. Die Aufspaltung des Ductus vor seiner Mündung mag die Ursache sein, daß man oft von chirurgischer Seite die Ansicht hört, eine Verletzung des Ductus am Halse sei nicht von Bedeutung. Wenn mehrere Zweige vorhanden sind, und einer von ihnen durch Verletzung ausgeschaltet wird, dann kann die Lymphe, die ja den Chylus führt, noch immer in das Venensystem strömen. Ist ein einheitlicher Ductus quer durchtrennt und gelangt kein Chylus mehr in die Venen, dann muß diese Verletzung zum

Tode führen. Infolge der Häufigkeit, in welcher sich Kollateralbahnen finden, sind derartige Unglücksfälle glücklicherweise nur sehr selten vorgekommen.

Mit dem Ductus thoracicus vereinigt sich knapp vor dessen Mündung der Truncus jugularis, der parallel zur V. jugularis interna verläuft und ebenfalls bei einer Operation am N. phrenicus in Gefahr kommen kann. Seine Verletzung hat natürlich keine besondere Bedeutung, da er immer in mehrere Stämme gespalten ist und keinen Chylus führt.

Die Nerven im Gebiete der oberen Thoraxapertur.

Die Nerven in der Umgebung der Lungenkuppel, welche hier systematisch zu beschreiben sind, gehören zu den segmentalen Hals- und Brustnerven; dazu kommt noch der N. accessorius, vagus und der Truncus sympathicus.

Die Hirnnerven.

N. accessorius. Der N. accessorius hat das Cavum cranii durch das Foramen jugulare verlassen und ist von innen her an den M. sternocleidomastoideus herangetreten. Er durchbohrt den Muskel schief nach unten und lateral, gibt ihm seine Zweige ab und verbindet sich mit einem Ast des III. Cervicalnerven. Mit diesem vereinigt, verläßt er den Kopfnicker an dessen hinterem Rande, um in den obersten Teil des Trigonum supraclaviculare majus einzutreten. Hier liegt er, von Bindegewebe und Lymphknoten umgeben, dicht unter der oberflächlichen Fascie des Halses. Die Stelle, wo er am Hinterrande des Muskels erscheint, liegt einige Zentimeter unterhalb des Processus mastoideus und gerade über dem Punkte, wo die sensiblen Halsnerven am Hinterrand des Sternocleidomastoideus austreten. Der N. accessorius ist also der kranialste Nerv, der am Rande des Kopfnickers erscheint. Oft nimmt der N. accessorius hier einen weiteren Zweig aus einem Cervicalnerven auf und verschwindet dann nach kurzem lateral und nach unten gerichtetem Verlaufe hinter dem Vorderrande des M. trapezius. Von hinten her gesehen, also in der Ansicht wie bei der Thoracoplastik von hinten, liegt der Nerv kranial vom M. levator scapulae, dem er nach distal folgt (Abb. 2, 3). Der Trapezius wird teilweise vom N. accessorius, teilweise von den spinalen Zweigen versorgt, die sich auch erst spät mit dem Accessorius vereinigen können, so daß manchmal entlang dem Levator scapulae auch noch sehr feine Zweige verlaufen, die sich erst in der Gegend des Angulus superior des Schulterblattes dem Accessorius anschließen. Dem M. levator scapulae entlang, erreicht der N. accessorius die Scapula. Hier schlingt er sich um das distale Ende des Muskels herum nach caudal, oder er kann sogar auf den Angulus der Scapula selbst zu liegen kommen. Immer ist er dabei vom M. trapezius gedeckt, dem er sich von innen anlegt und ihm feine Seitenzweige abgibt. Der Stamm des Accessorius aber läuft parallel zum medialen Rand der Scapula der Innenseite des Trapezius entlang bis fast an den unteren Rand dieses Muskels und versorgt ihn auf diesem Wege mit Zweigen.

Die Frage, welcher Teil des Trapezius vom N. accessorius und welcher von den spinalen Zweigen versorgt wird, kann nicht mit Sicherheit beantwortet werden. Es scheinen große individuelle Schwankungen vorzukommen, so daß z. B. jener Teil, welcher an der Clavicula inseriert, manchmal mehr vom Accessorius, manchmal mehr von den cervicalen Ästen versorgt wird. Auch die klinischen Erfahrungen bei partiellen Lähmungen des Muskels geben kein einheitliches Bild. Es muß daher Sache des Operateurs sein, den N. accessorius, wenn irgend möglich zu schonen; dies gelingt bei richtiger Technik eigentlich immer.

N. vagus. Am Halse liegt der N. vagus der A. carotis communis von lateral her an und befindet sich zwischen ihr und der V. jugularis interna. Die Lagebeziehungen sind rechts und links gleich. Im Brustraum dagegen zeigen die beiden Nerven rechts und links verschiedenes Verhalten. Der N. vagus dexter (Abb. 5) folgt der A. carotis communis und kreuzt die A. subclavia ventral ganz nahe von deren Ursprunge aus der A. brachiocephalica. Er liegt dabei medial vom Beginne der V. brachiocephalica dextra, deren medialem Rande er caudalwärts folgt. Unter Umständen kann er auch hinter der Vene liegen. An der A. subclavia entläßt er den N. recurrens, der sich um die Arterie herumschlingt und nach medial und oben zum Kehlkopf verläuft. Der Stamm des Vagus erreicht hinter der V. cava cranialis die Trachea, kreuzt die V. thoracica long. medial, dann den rechten Bronchus und die Gefäße der Lungenwurzel an deren Hinterseite und zieht zum Oesophagus, welchem er, an seiner Hinterseite gelegen, als Chorda oesophagea dorsalis folgt. Die Beschreibung seiner Zweige erfolgt zusammen mit jenen des linken Vagus.

Der N. vagus sinister (Abb. 6) folgt der A. carotis sinistra in den Brustraum. Er wird ventral von der V. brachiocephalica sinistra gekreuzt und bleibt von der Trachea durch die A. carotis communis getrennt. Den Arcus aortae kreuzt der Vagus gerade lateral vom Ursprunge der A. carotis communis; er entläßt dort den N. recurrens, welcher sich um das Ligamentum arteriosum herumschlingt und dem linken Bronchus nach oben folgt. Der Stamm des Vagus zieht über den Aortenbogen nach hinten und verläuft dabei viel brüsker nach dorsal als auf der rechten Seite. Wenn eine V. thoracica longitudinalis sinistra accessoria[1] vor dem Aortenbogen vorhanden ist, dann zieht der Nerv zwischen Aorta und Vene hindurch.

Außer den Nn. recurrentes entlassen beide Vagi Äste zum Herzen und zur Lunge; diese sind der Vollständigkeit halber hier anzuführen, obwohl sie bei den gewöhnlichen Plastiken nicht ins Gesichtsfeld kommen. Rami cardiaci gibt der Vagus in drei Gruppen ab, craniales, medii und caudales, wobei die beiden letzteren sehr nahe beisammen entspringen und miteinander Verbindungen eingehen, so daß sie im allgemeinen unter dem Namen caudales zusammengefaßt werden. Die R. cardiaci craniales entspringen schon hoch oben am Hals und folgen der A. carotis communis, rechts im weiteren Verlaufe der A. brachiocephalica zum Herzen. Die R. cardiaci medii gehen links vom N. recurrens dort ab, wo er sich um das Ligamentum arteriosum herumschlingt und ziehen teils hinter, teils vor dem Ligament zum Herzen. Rechts verlaufen die Fasern, zu einem Stamm vereinigt, entlang dem rechten Umfange der A. brachiocephalica. Die R. cardiaci caudales entstehen etwas weiter caudal aus dem Vagusstamme und ziehen gemeinsam mit den mittleren Ästen zum Herzen.

Die Lungenäste, R. bronchiales, gehen dort vom Vagus ab, wo er den Bronchus seiner Seite kreuzt und folgen demselben, so daß an jedem Bronchus ein vorderer und hinterer Plexus entsteht, wobei der Plexus bronchialis dorsalis besser entwickelt ist als der ventralis.

[1] V. hemiazygos accessoria.

Schließlich werden vom Vagus auch schon oberhalb seiner Kreuzung mit dem Bronchus Äste zum Oesophagus abgegeben. Es finden sich also im Gebiete der großen Gefäße, der Trachea und des Oesophagus im oberen Mediastinum reichlich meist sehr feine Zweige des N. vagus.

Die Spinalnerven.

Jeder Segmentalnerv teilt sich nach seinem Austritt aus den Foramen intervertebrale sofort in einen R. ventralis und dorsalis. So verhalten sich auch die acht Cervical- und die 12 Thorakalnerven.

Die *Rr. dorsales der Spinalnerven.* Das Verhalten dieser Zweige ist am ganzen Körper dasselbe, nur die kranialsten zeigen Ausnahmen, doch liegen diese Nerven nicht im Operationsgebiet. Die Rr. dorsales laufen immer an der lateralen Fläche des Processus articularis cranialis ihres Wirbels vorbei nach dorsal und erreichen den Rücken kranial vom Processus transversus des betreffenden Wirbels. Hierauf teilen sie sich typisch in einen lateralen und einen medialen Ast (Abb. 1). Die lateralen Äste sind bei den Halsnerven rein motorisch; sie versorgen die lateralen Teile der Rückenmuskulatur. In der Brustregion sind sie so wie die medialen gemischt. Die medialen Zweige versorgen die medialen Partien des M. erector trunci und haben außerdem Hautäste, welche ganz nahe an den Wirbeldornen den M. trapezius durchbrechen und einen schmalen Streifen Haut neben der Medianlinie versorgen. Die lateralen Zweige enthalten um so mehr sensible Fasern, je weiter caudal sie liegen. Das gesamte Hautgebiet der Rr. dorsales wird nach lateral hin durch eine Linie begrenzt, die vom Hinterhaupt in einer schwach nach oben konkaven Linie dem Nackenkontur folgt und die Wurzel des Akromion erreicht. Von hier verläuft die Grenze etwas medial von der Seitenlinie des Körpers zum Darmbeinkamm. Die einzelnen Segmente sind nicht scharf gegeneinander abgegrenzt. Aber auch über die Mittellinie findet ein Faseraustausch zwischen den Nerven statt. Auf jeden Fall aber werden Injektionen an die Wurzel des betreffenden Processus transversus, den ganzen Ramus dorsalis treffen. Um jedoch den ganzen Segmentalnerven zu erreichen, wie es für die Thoracoplastik notwendig ist, ist das Depot tiefer, und zwar an jener Stelle zu setzen, wo der Nervenstamm, also R. ventralis und dorsalis noch ungeteilt aus dem Foramen intervertebrale austreten.

Die *Rr. ventrales* der Halsnerven treten zu zwei Plexus zusammen, Plexus cervicalis, welcher die Segmentalnerven 1—4 umfaßt und Plexus brachialis, in welchen die vier unteren Halsnerven und der erste Brustnerv eintreten. Meist gibt auch der zweite Brustnerv noch einen kleinen Ast zum Plexus brachialis ab.

Der Plexus cervicalis selbst liegt so weit oben am Halse, daß er bei den Operationen an der Lunge nicht gesehen wird, doch ist einer seiner Äste, der N. phrenicus in seiner Topographie von sehr großer Bedeutung. Daher sei kurz die Lage des Plexus angeführt. Die vorderen Äste der Segmentalnerven 1—4 stehen durch Schlingen miteinander in Verbindung. Medial und vor ihnen liegen die Ursprungszacken der Mm. longus capitis und colli, sowie jene des M. scalenus ventralis, die am vorderen Höcker des Processus transversus entspringen. Die motorischen Äste des Plexus zu den Halsmuskeln sind ganz kurz, und treten von innen her an die Muskulatur heran. Die sensiblen Zweige treten am hinteren Rande des M. sternocleidomastoideus am sog. Punctum nervosum unter die Haut. Der operativ wichtigste Nerv ist der

N. phrenicus. Er stammt normalerweise aus C IV, doch bekommt er meistens auch noch Fasern aus C III und C V. Schon hoch oben vereinigen sich in der Norm diese Wurzeln zum eigentlichen Nerven, welcher dem M. scalenus ventralis eng anliegt und ihn schief von lateral nach medial derart kreuzt, daß er den medialen Rand des Muskels an dessen Ansatz an der ersten Rippe erreicht. Damit tritt er in den Thorax ein, wobei er vor der Arteria und hinter der Vena subclavia gelegen ist. Der rechte Phrenicus folgt nach abwärts der V. brachiocephalica dextra und dann der V. cava cranialis, deren rechtem Umfange er bis zu deren Eintritt in den Herzbeutel anliegt. Im weiteren Verlaufe liegt er dem Perikard an und wird gegen den Lungenraum durch die Pleura mediastinalis, welche er manchmal in einer kleinen Falte aufheben kann, geschieden. Mit ihm zieht die A. pericardiaco-phrenica und die gleichnamige Vene, wobei die Gefäße manchmal in einer langen Spirale um den Nerven laufen. Der linke Phrenicus verhält sich bei seinem Eintritt in den Thoraxraum analog dem rechten, wird aber caudal durch das Herz weiter nach lateral verlagert als dieser und liegt auch tiefer im Thorax.

Im besonderen sind verschiedene für die operative Aufsuchung des Nerven wichtige Lagebeziehungen nun noch genauer darzustellen und einiges über die zahlreichen Variationen, welche der Nerv aufweist, zu sagen (Abb. 7—10, 13, 14).

1. Beziehung zur A. cervicalis ascendens. Ebenso wie der Phrenicus liegt auch die A. cervicalis ascendens der Ventralseite des M. scalenus ventralis dicht auf. Normal findet man den Nerven lateral von der Arterie, wobei er von ganz kleinen Ästen derselben gekreuzt wird. Es kommt aber auch vor, daß die Arterie abnormal sehr weit lateral aus der A. cervicalis superficialis entspringt, dann zieht sie nicht nahe dem medialen Rande des Muskels, sondern parallel seinem lateralen Rande aufwärts, und der Nerv liegt medial von ihr. Man wird sich aber bei der Aufsuchung des Nerven nicht um das Gefäß zu kümmern brauchen, denn man sieht den auf der Vorderfläche des Scalenus gelagerten Nerven normalerweise deutlich, sobald die weiße Fascia colli profunda, welche den Muskel deckt, gespalten wird.

2. Beziehungen zur A. suprascapularis und A. cervicalis superficialis. Diese beiden Gefäße sind, wie die A. cervicalis ascendens, Äste des Truncus thyreocervicalis und verlaufen beide nach lateral, wobei sie den N. phrenicus an seiner ventralen Seite kreuzen. Die Kreuzung findet etwas oberhalb des Ansatzes des M. scalenus ventralis an der ersten Rippe statt. Der Nerv bleibt bei normaler Topographie immer dem Muskel eng aufgelagert, die anderen Gebilde ziehen über ihn hinweg.

3. Beziehung zur Arteria und Vena subclavia. Da die Arterie durch die hintere Scalenuslücke, also hinter dem M. scalenus ventralis verläuft, wird sie vom N. phrenicus an ihrer Vorderseite gekreuzt. Die Vena subclavia liegt bei ihrem Durchtritt durch die vordere Scalenuslücke an der Ventralseite des Nerven. Es kommt aber nach YANO nicht gar so selten, in 6,8% der Fälle vor, daß der Stamm des N. phrenicus die Ventralseite der Vene kreuzt, in seltenen Fällen sogar, daß er sie durchbohrt.

4. Beziehungen zur A. thoracica interna. Die Arterie entsteht aus der A. subclavia medial von deren Eintritt in die Scalenuslücke und zieht senkrecht nach abwärts, so daß sie hinter dem seitlichen Anteil des Manubrium sterni und den Rippenknorpeln verläuft. Der N. phrenicus macht bei seinem Eintritt

in den Thorax einen nach medial gerichteten Bogen und kreuzt dabei die Arterie. In den meisten Fällen liegt er dabei ventral von ihr, also zwischen ihr und der Brustwand; nur in einem Drittel der Fälle befindet er sich dorsal. Ganz ausnahmsweise kann die Arterie so weit lateral entstehen und der Nerv schon bei seinem Eintritt in den Thorax so weit medial liegen, daß zwischen den beiden Gebilden keine Beziehung besteht.

Variationen des N. phrenicus. Zahlreich sind die Varianten des Nerven, welche dadurch entstehen, daß sich dem Stamm sekundär Fasern anschließen. Man bezeichnet solche Fasern als Nebenphrenici. Sie sind nach den neuesten Untersuchungen sehr häufig; nach GÖTZE finden sie sich in 68%, nach YANO sogar in 77%. Ihren Ursprung haben sie 1. im Nervus subclavius, 2. in anderen höher oben gelegenen Ästen des Plexus brachialis.

1. Der Nebenphrenicus aus dem N. subclavius. Der N. subclavius geht aus C V hervor, liegt zuerst auf dem Plexus brachialis und biegt dann nach ventral zum M. subclavius ab, ein meist feiner Ast vereinigt sich mit dem N. phrenicus. Nach der Topographie dieser Nebenphrenici aus dem Subclavius lassen sich verschiedene Typen aufstellen. a) Der Nebenphrenicus läuft vor der V. subclavia und vereinigt sich in der Höhe der ersten Rippe mit dem Stamm. Sein Verhalten zur A. thoracica interna kann verschieden sein, insoferne er vor oder hinter diesem Gefäß gefunden wurde. Da aber auch der N. phrenicus selbst wie erwähnt vor oder hinter der Arterie ziehen kann, kommt es zu Schlingenbildung um die A. thoracica interna, deren einen Ast der Phrenicus, deren anderen der Nebenphrenicus beistellt. b) Der Nebenphrenicus kann hinter der V. subclavia verlaufen oder auch vor ihr. Im letzteren Falle kann es ebenfalls zur Schlingenbildung mit Hilfe des Nebenphrenicus kommen. Die Schlinge liegt jetzt um die V. subclavia. c) Die V. subclavia kann vom Nebenphrenicus durchbohrt werden. d) Auch die V. suprascapularis kann vom Nebenphrenicus ventral gekreuzt werden, was Anlaß zu einer Schlinge um dieses Gefäß geben kann. Bei all den beschriebenen Nebenphrenici handelt es sich den Angaben in der Literatur nach um ganz feine, dünne Zweige, welche dem Zug bei der Phrenicusexhairese keinen Widerstand leisten können und abreißen, ohne daß die Schlingenbildung die Gefäße geschädigt hätte.

2. Nebenphrenici, die nicht dem N. subclavius entstammen. Sie sind bedeutend seltener und sollen in einem Viertel der Fälle vorkommen. Meist stammen sie aus C III—C V und verlaufen lateral vom Stamm des Phrenicus auf dem M. scalenus ventralis, um sich mit ihm in verschiedener Höhe zu vereinigen. Meist findet die Vereinigung schon am Halse statt, seltener in der Brust oberhalb der Lungen. Nur wenige Fälle wurden beschrieben, in denen die Vereinigung noch tiefer im Thorax stattfand. Auch diese Nebenphrenici können vor der V. subclavia liegen und zur Schlingenbildung führen. Eine andere wichtige Variation besteht darin, daß nicht nur Nebenphrenici vorhanden sind, sondern auch der Hauptstamm selbst in seiner Lage verschoben ist. Der Stamm wird z. B. durch eine Gefäßanomalie verhindert, in gestrecktem Laufe über den M. scalenus ventralis nach medial zu ziehen und ist gezwungen, weit lateral zu bleiben, und dann erst nahe der Thoraxapertur nach medial umzubiegen. Dies ist z. B. der Fall bei abnormem Ursprung des Truncus thyreo-cervicalis, wie ihn Abb. 9 zeigt. In solchen Fällen kommt es vor, daß Nebenphrenici aus C V medial vom Hauptstamm vor dem Scalenus ventralis dort liegen, wo normaler-

weise der Hauptstamm läuft, wobei natürlich wieder die Möglichkeit einer Schlingenbildung um eines der nach lateral ziehenden Gefäße gegeben ist. Eine Verlagerung des Phrenicusstammes nach medial bildet YANO ab, bei welcher sich der Nerv höher oben als gewöhnlich dem medialen Rande des M. scalenus ventralis anschließt und ihm abwärts folgt; gleichzeitig ist ein sehr hoch einmündender Nebenphrenicus vorhanden. Findet man den Phrenicus nicht an normaler Stelle vor dem Scalenus, dann empfiehlt es sich, ihn zuerst lateral zu suchen. Hier ist er immer an seinem gestreckten Verlauf von oben nach unten zu erkennen. Bei dem sicher sehr seltenen Vorkommen eines medial verlagerten N. phrenicus kann eine Verwechslung mit dem Sympathicus eintreten. Man wird sich vor dieser dadurch schützen können, daß man den Nerven nach kranial verfolgt. Der Phrenicus liegt kranial immer am lateralen Rande des Muskels, während der Sympathicus dem medialen Rande nach aufwärts folgt.

Die große Zahl der Nebenphrenici und ihre in ganz verschiedener Höhe erfolgende Verbindung mit dem Hauptstamm macht es verständlich, daß bei einer Exhairese der erwartete Erfolg nicht oder nicht vollständig eintritt. Bei der Exhairese ist dann, wenn der Nerv sehr hoch oben abreißt, die Wahrscheinlichkeit sehr groß, daß Teile eines Nebenphrenicus intakt geblieben sind. Die Gefahren, welche mit dieser Operation vom anatomischen Standpunkt aus verbunden sind, liegen vor allem in der Schlingenbildung um die Gefäße am Hals und in der engen Beziehung des Nerven zu den großen Gefäßen des Thorax und zur Pleura. So erwähnt GÖTZE zwei Fälle, bei welchen die Pleurakuppel bei der Exhairese einriß und Luft in den Pleuraraum einströmte. Da das Abreißen des Phrenicus im Inneren des Thorax irgendwo erfolgt, an einer Stelle, deren besondere Verhältnisse der Chirurg nicht kennen kann, in der Nähe der Pleura, des Herzens oder der großen Gefäße, muß die Operation Gefahren in sich bergen, deren Größe man nicht abschätzen kann.

Bei der jetzt soviel geübten Vereisung des Nerven sind die Gefahren bei richtiger Anwendung der Technik natürlich viel geringer. Mißerfolge oder halbe Erfolge können aber auch da auftreten und haben ihre Ursache dann wohl auch in dem Vorhandensein von Nebenphrenici, die der Vereisung entgangen sind.

Motorische Zweige des Plexus cervicalis zur Halsmuskulatur. Außer den schon erwähnten kurzen Ästen, welche von innen her an die tiefe Halsmuskulatur die Mm. scaleni, longus colli und capitis herantreten, entläßt der Plexus cervicalis oft noch einen Ast zum M. trapezius, welcher am hinteren Rande des M. sternocleidomastoideus dicht unterhalb des Accessorius hervorkommt. Oft läuft er ein Stück weit in der Bahn des obersten N. supraclavicularis und folgt dann dem N. accessorius unter den M. trapezius. Dieser R. trapezius schließt sich meist dem Accessorius vollkommen an. Die Äste des Plexus cervicalis zur Ansa hypoglossi fallen nicht in den Rahmen dieser Darstellung.

Die sensiblen Äste des Plexus cervicalis. Von diesen kommen jene in Betracht, welche nach abwärts über die Clavicula verlaufen, die Nn. supraclaviculares. Sie erscheinen am Hinterrande des M. sternocleidomastoideus im Trigonum colli laterale und ziehen, indem sie sich fächerförmig ausbreiten, über die Clavicula nach abwärts, wo sie den obersten Teil der Brust sensibel innervieren. Im kranialen Teil des Trigonum liegen sie im Bindegewebe und überqueren den M. omohyoideus, den Plexus brachialis und die nach lateral verlaufenden Gefäße. An der Clavicula treten sie durch die Fascia superficialis colli in das

Subcutangewebe der Brust. Der am meisten dorsal gelegene N. supraclavicularis tritt meistens am Vorderrande des M. trapezius in das Muskelfleisch ein, durchbohrt den Muskel und endet in der Haut über dem Akromion. Von ihm geht der obenerwähnte R. trapezius zum N. accessorius. Das Eintreten des Nerven in den M. trapezius kann zu Verwechslung mit dem Stamm des Accessorius führen, da sie nahe nebeneinander den Rand des Muskels erreichen. Der Accessorius liegt immer kranial vom Supraclavicularis und zieht an der Innenseite des Muskels weiter, indem er zarte Seitenäste in dessen Fleisch entsendet. Der Supraclavicularis aber durchbohrt den Muskel und entsendet nur den zarten R. trapezius an die Innenseite des Muskels.

Der *Plexus brachialis* (Abb. 9, 10, 13, 14) und seine Äste, soweit sie für die Thoracoplastik von Bedeutung sind. Der Plexus brachialis setzt sich aus den vorderen Ästen der vier unteren Segmentalnerven des Halses und dem ersten Brustnerven zusammen; auch der Th. II gibt noch einen Teil seiner Fasern in den Plexus ab. Die Wurzeln treten zwischen dem M. scalenus ventralis und medius, also durch die hintere Scalenuslücke aus. Die oberen drei Wurzeln steigen steil nach abwärts, die mittleren verlaufen horizontal, die unterste, thorakale, steigt auf. Durch diese fächerförmige Anordnung der Wurzeln entsteht hinter der Clavicula eine besonders schmale Stelle des Plexus, jenseits welcher die einzelnen Komponenten wieder auseinander weichen und die Fascikel für die Armnerven bilden. Oberhalb der Clavicula wird der Plexus ventral vom M. omohyoideus gekreuzt. Schon innerhalb der Scalenuslücke tritt die A. subclavia in engste Beziehung zum Plexus; die drei oberen Wurzeln desselben liegen kranial von der Arterie, die unteren hinter ihr. Daher berührt auch der Plexus die erste Rippe, und zwar derart, daß der C VIII dem Hals der Rippe folgt und der Th I am lateralen Ende des Collum costae über die mediale Kante der Rippe aufsteigt, um sich mit C VIII zu verbinden. Vorher schon hat er den zarten Ast aus Th II aufgenommen. Es ist klar, daß die beiden thorakalen Wurzeln in Beziehung zur Pleurakuppel treten müssen. Außer diesen beiden sind hier operativ jene Zweige des Plexus von Bedeutung, welche auf den verschiedenen Wegen zur Kuppel angetroffen werden.

1. Schon aus den Wurzeln des Plexus gehen bei ihrem Austritt aus den Foramina intervertebralia kurze Zweige für die Muskulatur des Stammes ab, und zwar für die caudalen Teile des M. longus colli und die Mm. scaleni.

2. Nerven für die Muskulatur des Schultergürtels. *N. dorsalis scapulae.* Er stammt aus C V, tritt aber nicht durch die hintere Scalenuslücke aus, sondern durchbohrt den M. scalenus medius und wendet sich nach dorsal, um den M. scalenus dorsalis zu kreuzen und den M. levator scapulae zu erreichen. Diesem liegt er von caudal her an und folgt ihm bis zum Schulterblatt, wo er nach caudal umbiegt und der Innenseite der Mm. rhomboidei folgt. Er liegt also diesen Muskeln ebenso von innen her an, wie der N. accessorius dem M. trapezius; auch die Entfernung vom medialen Rande der Scapula ist die gleiche. Der N. dorsalis scapulae versorgt den M. levator scapulae und die Rhomboidei mit Zweigen, die nach medial und lateral in den Muskel eintreten. Manchmal kommt es vor, daß sich der Nerv nicht um den Levator scapulae herumschlingt, sondern ihn mit einem Teil seiner Fasern (Abb. 3) durchbohrt. Bei der Betrachtung von hinten sieht man den Nerven als zarten Faden an der caudalen Seite des M. levator scapulae, während der N. accessorius wie beschrieben wurde, an der kranialen

Seite dieses Muskels verläuft. Als Variation des Verlaufes dieses Nerven fand EISLER einen N. dorsalis scapulae, welcher sich dem N. thoracicus longus angeschlossen hatte und dann unter Durchbohrung der ersten Zacke des M. serratus lateralis an die Rhomboidei herantrat.

N. thoracicus longus[1] (Abb. 9, 17). Er stammt aus C V und C VI und tritt ebenfalls durch den M. scalenus medius in das seitliche Halsdreieck, liegt jedoch weiter caudal und ventral als der Dorsalis scapulae. Er zieht den Scalenus entlang nach abwärts und erreicht die laterale Brustwand, wo er von außen in den M. serrarus lateralis eintritt. Manchmal vereinigen sich die Wurzeln des Nerven erst nach ihrem Austritt aus dem Scalenus. Infolge seiner tiefen Lage wird er bei der Operation von dorsal nicht sichtbar, ist aber auf Abb. 6 durch Entfernen des Bindegewebes freigelegt.

Nn. thoracales ventrales[2]. Meist sind zwei Nerven vorhanden; sie gehen aus der lateralen Seite des Plexus hervor, treten unter der Clavicula durch und kreuzen oberflächlich die A. und V. subclavia, um die Mm. pectorales zu erreichen. Jene Bündel, welche für den oberen Teil des M. pectoralis major bestimmt sind, treten über dem Pectoralis minor an die Innenseite des Major, jene für die caudalen Teile verlaufen teils durch, teils um den caudalen Rand des Minor. In der Pars clavicularis des M. pectoralis major wenden sich fast alle Zweige, die in den Muskel eintreten, nach lateral, nur sehr wenige nach medial. In den caudalen Teilen werden vom Stamm Zweige nach beiden Seiten abgegeben. Die beiden größeren Stämme liegen ziemlich weit lateral und ziehen etwas außerhalb der Mammillarlinie nach abwärts. Die Äste für den M. pectoralis minor dringen von der Unterfläche nahe der Insertionssehne in den Muskel ein. Dieser Faserverlauf ist natürlich für die Anbringung eines Muskelschnittes von Wichtigkeit.

N. subclavius. Der Nerv kommt aus dem kranialen Teil des Plexus brachialis und kreuzt dessen caudalen Teil oberflächlich, wobei er in der Nähe des lateralen Randes des M. scalenus ventralis liegt. An der Clavicula biegt er zum M. subclavius ab. Oft werden an den N. phrenicus sehr feine Fäden als Nebenphrenici abgegeben. Bei normaler Lage des N. phrenicus und subclavius kann es operativ nicht zu einer Verwechslung kommen, denn der Phrenicus liegt dem medialen Teil des M. scalenus ventralis an, der Subclavius neben dessen lateralen Rande. Bei einer Verlagerung des Phrenicus nach lateral wird freilich die Entscheidung, um welchen Nerven es sich handelt, aus der Lage intra operationem oft sehr schwer sein. (Siehe Abb. 9, auf welcher der N. subclavius — unbezeichnet —, lateral neben dem Phrenicus zu sehen ist.) Es ist aber wohl anzunehmen, daß eine Durchschneidung des N. subclavius ohne schädliche Folgen bleiben wird.

N. suprascapularis. Er kommt ebenfalls aus dem oberen Stamm des Plexus, zieht aber nicht über den Plexus nach abwärts, sondern folgt der lateralen Kante des Plexus bis dorthin, wo dieser vom M. omohyoideus überquert wird. Nun zieht er in der Richtung des Omohyoideus nach lateral und hinten weiter und kommt zur Incisura scapulae, durch welche er die Dorsalseite der Scapula erreicht und den M. supra- und infraspinatus innerviert.

Der *N. suprascapularis* sowie die *Nn. subscapulares* und *thoraco-dorsalis* entstehen so weit distal aus dem Plexus, daß sie bei keinem der Wege zur Pleurakuppel ins Gesichtsfeld kommen oder geschädigt werden können.

[1] N. thoracalis longus. — [2] Nn. thoracales anteriores.

In der Thoraxwand liegen die Rr. ventrales der Brustnerven als *Nn. intercostales.* Nach Abgang des R. dorsalis, der über den Processus transversus seines Wirbels nach dorsal verläuft, zieht der N. intercostalis vor dem Lig. costo-transversarium anterius (s. S. 9) nach lateral in den Intercostalraum; nur die beiden obersten Nerven machen eine Ausnahme (s. unten). Alle übrigen liegen zuerst nahe dem oberen Rande des Intercostalraumes und treten allmählich mehr in die Mitte desselben. Die Stämme der Vasa intercostalia liegen immer kranial vom Nerven im Sulcus costalis. Im Anfange ihres Verlaufes, also nahe der Wirbelsäule werden die Nerven von innen her nur durch die Pleura und die Fascia endothoracica gedeckt, weiter lateral, vom Beginn der Mm. intercostales interni an, liegen sie zwischen den beiden Intercostalmuskeln, also in derselben Schichte wie die Gefäße.

Neben der Wirbelsäule gibt jeder N. intercostalis den R. communicans albus zum Ganglion vertebrale des Sympathicus ab und nimmt von dort den R. communicans griseus auf (s. Sympathicus). Die Nn. intercostales sind gemischte Nerven. Motorisch versorgen sie im Gebiet des Thorax die Intercostalmuskulatur sowie die kleinen der Brustwand innen und außen anliegenden Muskeln, den M. serratus dorsalis cranialis und caudalis; die unteren Intercostalnerven innervieren die drei breiten Bauchmuskeln und den Rectus abdominis. Auch an den Randteil des Zwerchfelles sollen Fasern abgegeben werden. An sensiblen Ästen gibt jeder Intercostalnerv zwei ab, einen R. cutaneus lateralis und ventralis. Die Rr. ventrales brechen neben dem Sternum unter die Haut durch und gabeln sich ebenfalls in einen medialen und lateralen Ast. Die Oberfläche des Thorax läßt sich in bezug auf die sensiblen Äste, welche sie versorgen, von den Processus spinosi bis zur Mittellinie des Sternum in sechs Längsstreifen zerlegen, welche von je zwei Ästen, einem medialen und lateralen des R. dorsalis, des R. cutaneus lateralis und des R. cutaneus ventralis versorgt werden.

Der erste und zweite Thorakalnerv zeigen infolge ihrer Teilnahme an der Innervation der Extremität Besonderheiten. Der erste Thorakalnerv, welcher bekanntlich an der Bildung des Plexus brachialis teilnimmt, zieht am Halse der ersten Rippe vorbei schief nach aufwärts und lateral und entläßt einen dünnen N. intercostalis I, welchem in der Regel der seitliche R. cutaneus fehlt. Der N. intercostalis II gibt einen verschieden starken Ast ab, der sich dem Thoracalis I anschließt, und so in den Plexus brachialis eintritt (Abb. 6).

Der Grenzstrang des Sympathicus.

Der Aufbau des Truncus sympathicus zeigt sich am einfachsten in der Brustregion. Daher werden die prinzipiellen Verhältnisse an diesem Teile geschildert und die Verschiedenheiten am Hals angeschlossen; hierauf folgt die Schilderung der Lage.

Jeder Intercostalnerv entläßt gegenüber dem Abgange des R. dorsalis oder etwas ventral davon einen R. communicans, der nach medial und vorwärts zieht und in ein Ganglion des Sympathicus eintritt. Es kommt vor, daß ein R. communicans mehrfach ist und in verschiedener Weise sich mit dem Grenzstrange verbindet. Zu jedem Segment gehört ein sympathisches Ganglion, allerdings in sehr verschiedener Ausbildung; man findet alle Übergänge von ganz geringfügigen Anschwellungen bis zu deutlich dreieckigen Formen. Zwischen je zwei Ganglien liegt ein R. intergangliaris. Von den Ganglien gehen Verbindungszweige ab, welche sich dem peripheren Teil des Spinalnerven anschließen. Auch diese werden als Rr. communicantes bezeichnet, so daß man R. communicantes albi als Verbindungen vom Spinalnerven zum Grenzstrange und Rr. communicantes grisei von diesem zum Spinalnerven zurück unterscheidet. Allerdings läßt sich diese Unterscheidung auf Grund der Farbe der Nerven nicht machen, da beide Rr. communicantes sowohl graue als auch weiße Fasern führen. Die neue Nomenklatur hat daher auch diese Unterscheidung fallen gelassen. Wie Abb. 5 und 6 zeigen, ist Zahl und Verlauf der Verbindungszweige sehr variabel. Die segmentale Anordnung der Ganglien im Brustabschnitt des Sympathicus ist gewahrt, so daß an jeder Rippe ein Ganglion gelegen ist. Das erste Brustganglion verbindet sich oft mit dem untersten Halsganglion zum Ganglion stellare[1] oder cervicothoracicum (Abb. 14, 15).

Am Hals sind zwei, höchstens drei sympathische Ganglien für die acht Segmentalnerven ausgebildet. Das Ganglion cervicale inferius, das als einziges für die Darstellung hier in Betracht kommt, erhält Rr. communicantes aus C VIII, C VII und manchmal auch aus C VI. Infolge der verschieden ausgebildeten Verschmelzung dieses Ganglions mit dem ersten Brustganglion wechselt Größe und Form des Ganglion stellare sehr stark. Die beiden Ganglien können vollkommen getrennt sein, sie können sich nur berühren oder wirklich miteinander zu einer Masse verschmolzen sein. An dieser kann sogar manchmal auch noch das zweite Brustganglion teilnehmen.

Die Kette des Grenzstranges steht in der Brusthöhle in engem Kontakt mit den Rippen. In der Höhe der ersten Rippe liegt der Sympathicus lateral von der Articulatio costo-vertebralis, also vor dem Köpfchen der ersten Rippe. Die Entfernung vom Gelenk ist aber nicht größer als 1 cm. In seinem Verlaufe nach abwärts zieht der Grenzstrang gleichzeitig immer mehr nach medial, so daß er im allgemeinen an den mittleren Rippen nahe an die Gelenkspalte des Costo-vertebralgelenkes herankommt, wobei allerdings zahlreiche Variationen zu finden sind. Es ist daher im Auge zu behalten, daß an allen Rippen, an welchen bei der Thorakoplastik operiert wird, engste Beziehungen des Rippenköpfchens zum Sympathicus vorhanden sind.

Das Ganglion cervicale caudale liegt in der Rinne zwischen M. longus colli und M. scalenus ventralis in nächster Nähe des Ursprunges der A. vertebralis. Man findet es zwischen dem Querfortsatz des siebenten Halswirbels und der ersten Rippe. Schließt sich das erste Thorakalganglion direkt an, ist also ein Ganglion stellare vorhanden, dann erstreckt sich die Masse auch noch nach abwärts vor das Collum der ersten Rippe (Abb. 15). Das Verhalten des Ganglion zur A. vertebralis wechselt stark. Am häufigsten findet man es hinter der A. vertebralis; es kann aber auch an deren Seite, in seltenen Fällen sogar vor ihr liegen (VELLUDA). Den unteren Teil des Ganglion deckt die A. subclavia. Ein besonders großes Ganglion hat DELMAS (1931) beschrieben, das sich weit nach lateral am Collum der ersten Rippe erstreckte und dadurch in ausgedehntem Kontakt mit dem dorsalen Abhang der Pleurakuppel gelangte, in viel weiterem Ausmaß, als dies normalerweise schon der Fall ist.

Zahlreich sind die Äste des Sympathicus, welche vom Halse her in den Thoraxraum eintreten. Die Ansa subclavia entsteht unterhalb des Ganglion cervicale

[1] Ganglion stellatum.

medium oder wenn dieses nicht ausgebildet ist, unterhalb der Kreuzungsstelle des Truncus sympathicus mit der A. thyreoidea caudalis aus dem Grenzstrang durch Spaltung; der eine Teil zieht vor, der andere hinter der A. subclavia zum Ganglion cervicale caudale. Der vor der Arterie gelegene Faden ist oft sehr zart.

Weitere Äste sind die Nn. cardiaci. Der oberste entsteht schon hoch oben am Hals und zieht hinter den großen Halsgefäßen nach abwärts. Er erreicht rechts mit der A. brachio-cephalica, links mit der A. carotis sinistra den Aortenbogen und das Herz. Aus dem Ganglion cervicale medium oder wenn dieses fehlt, direkt aus dem entsprechenden Teil des Sympathicus kommt der N. cardiacus medius, welcher ebenfalls mit den großen Gefäßen zum Herzen gelangt; so wie der Cardiacus cranialis liegt auch der Medius hinter dem Gefäßstrang in der Fascia praevertebralis und verschiebt sich daher bei Verlagerung der Gefäße nicht mit diesen. Dieses Verhalten bietet ein wichtiges Unterscheidungsmerkmal gegenüber dem Vagus, welcher den Gefäßen immer folgt. Aus dem untersten Halsganglion kommt schließlich noch der N. cardiacus caudalis; der rechte zieht hinter der A. subclavia, der linke hinter dem Arcus der Aorta zum Herzen. Um die Abb. 5 und 6 nicht zu sehr zu komplizieren, wurden die sympathischen Zweige, welche die genannten Gefäße wie Netze umgeben, nicht eingezeichnet.

Das subpleurale Bindegewebe; Fascia endothoracica.

Eine zusammenfassende Darstellung des subserösen Bindegewebes im Thorax dürfte schon deswegen von Interesse sein, weil in den chirurgischen Beschreibungen verschiedener Operationen vor allem bei der Apikolyse immer wieder die Rede ist von den besonderen Schichten, in welchen die Pleura oder die Lunge ausgelöst werden können, ohne daß diese Ausdrücke genügend präzisiert werden oder die anatomischen Verhältnisse so eingehend beschrieben würden, daß daraus klar zu erkennen wäre, in welcher Schichte der Operateur eigentlich arbeiten soll. Immer wieder findet sich der Ausdruck extrafasciale Lösung der Pleura, wobei natürlich eine ganz bestimmte Bindegewebsschichte gemeint ist. Da man aber an der Innenseite der Thoraxwand zwei solcher Schichten unterscheiden kann, ist durch die Bezeichnung extrafascial noch zu wenig gesagt, wenn nicht klar gestellt ist, was man unter dem Namen Fascia endothoracica eigentlich zu verstehen hat. Es werden daher im folgenden zuerst die Ansichten verschiedener Bearbeiter dieses Gebietes gebracht und dann versucht, eine für die chirurgische Praxis verwertbare Definition zu geben.

Eine allgemeine Betrachtung zeigt, daß auch die Pleura, wie jede Serosa durch subseröses Bindegewebe an die Unterlage, das ist also hier die Thoraxwand angeheftet wird. Im Thorax kann dieses Gewebe als subpleurales Gewebe bezeichnet werden.

Die Textur dieses Gewebes ist, wie die des Bindegewebes überhaupt, nicht einheitlich, sondern von der Beanspruchung abhängig.

So nimmt das Bindegewebe, welches Hohlorgane umgibt, die einem häufigen Wechsel ihrer Form unterworfen sind, die Form von Fascien oder Kapseln an, da es jeden Zug mit Verstärkung seiner Fasern beantwortet. Das subseröse Bindegewebe des Beckens z. B. hat um Blase und Rectum stärkere Fasern ausgebildet; in der Umgebung des Pharynx und Oesophagus sieht man das lockere Gewebe des Halses zu einer Fascie verdichtet, die als Eingeweidefascie des Halses bezeichnet, kein selbständiges Gebilde darstellt. Ähnliches findet man auch an der Glandula thyreoidea, welche normalerweise nur von einer ganz zarten bindegewebigen Membran umgeben ist, die sich aber bei einer Struma zu einer deutlichen Kapsel verdichtet.

Auch das subseröse Bindegewebe des Thorax muß je nach der Stellung der Rippen bei In- und Exspiration verschiedenen Beanspruchungen unterliegen. Besonders über der Lungenkuppel müssen die Zugverhältnisse durch ihren Wechsel das Bindegewebe zwingen, sich anzupassen, so daß das subpleurale Gewebe nicht überall gleich ausgebildet ist. Mit diesen Verschiedenheiten mag es zusammenhängen, daß das, was als Fascia endothoracica in den chirurgischen und anatomischen Werken bezeichnet wird, meist nur eine sehr unklare Definition erfährt.

Für die Formung des Bindegewebes unter der Pleura kann es nicht gleichgültig sein, ob es eine feste Unterlage wie an den Rippen vorfindet oder sich an die Gebilde des Halses anlagert, wie an der oberen Thoraxapertur. Für die Darstellung ergibt sich daher die Notwendigkeit, das subpleurale Gewebe an der Innenwand des Thorax und an der Pleurakuppel gesondert zu betrachten. Es wird daher zuerst die Fixation der Pleura costalis und dann jene der Pleurakuppel beschrieben.

Das subpleurale Gewebe der Pleura costalis. Als erster hat sich HYRTL mit der Fixation der Pleura beschäftigt und sagt in seinem Lehrbuch der Anatomie: „Der äußere Ballen (der Pleura) ruht unten auf dem Zwerchfell als Pleura phrenica und wird an dieses, sowie an die innere Oberfläche der Brustwand als Pleura costalis, durch kurzes Bindegewebe angeheftet. Dieses subpleurale Bindegewebe verdichtet sich gegen die Wirbelsäule hin, gewinnt eine festere Textur und wurde von mir als Fascia endothoracica aufgefaßt und beschrieben.“

Später hat LUSCHKA darüber Untersuchungen angestellt, ob es sich bei besonderen Formen, welche das subpleurale Bindegewebe annehmen kann, nur um dichtes und membranös gewordenes Bindegewebe handelt, oder ob man in der Fascia endothoracica nicht doch ein organologisch selbständiges Gebilde sehen müsse. Am kindlichen Thorax sind keine festeren Züge aufzufinden. Am Erwachsenen dagegen konnte LUSCHKA eine von der Pleura und der Unterlage trennbare Membran darstellen. Diese läßt sich aber z. B. auch an der vorderen Brustwand an Stellen nachweisen, denen keine Pleura zukommt. Am besten ist diese Fascie in der Regel in der Nähe der Wirbelsäule und am Ursprung des Rippenteiles ausgebildet. Vom Alter ist die Ausbildung insoferne abhängig, als die Züge im Alter stärker fibrös sind als in der Jugend. LANGER-TOLDT sagt (12. Aufl.): „Durch Ablösen der Pleura costalis läßt sich eine dünne fibröse Lamelle darstellen, welche stellenweise verstärkt ist und mit den Sehnen der subcostalen Muskulatur in Verbindung steht. Es ist dies die Fascia endothoracica.“ CORNING spricht nur von einer Bindegewebsschichte, welche die dem Thoraxinneren zugewandte Fläche der Mm. intercostales und der Rippen bedeckt und bezeichnet diese als Fascia endothoracica. Ähnlich äußert sich auch BRAUS: „Mit der Wand des Brustkorbes ist die parietale Pleura, die selbst aus Epithel und elastischem Gewebe besteht, durch lockeres Bindegewebe verbunden, Fascia endothoracica.“

PERNKOPF sagt in seiner topographischen Anatomie: „Den Abschluß der Leibeswandung nach innen zu bildet hier eine zarte bindegewebige Überkleidung der Intercostalmuskulatur, die aber, insbesondere bei der Präparation von außen her, nur schwer als selbständige Schichte darstellbar ist. Sie überkleidet in ähnlicher Weise wie die Fascia thoracica externa die innere Seite der zwischen den Rippen sich ausspannenden Fleischplatte, bildet aber, wie ihr Name Fascia (Membrana) endothoracica (thoracica interna) auch besagt, eine zusammenhängende, die ganze Thoraxinnenfläche überkleidende Fascie . . . „Auf diese Fascia folgt nun im intercostalen Spatium eine lockeres Bindegewebe enthaltende Subserosa, schließlich als eigentliche Wand der Leibeshöhle, die Serosa parietalis, die Pleura costalis selbst, die aber über den Rippen nur schwer von der Fascia endothoracica zu trennen ist . . ." „Die Fascia endothoracica lockert sich aber hinter dem Sternum und vor der Wirbelsäule auf, so daß hier Wirbelsäule und Sternum den Visceralraum unmittelbar abschließen."

Eingehende Untersuchungen hat Merten (1914) angestellt. Er nennt Fascia endothoracica jene bindegewebige Platte, welche von einer Rippe zur nächsten ausgespannt ist; entsprechend den Rippen ist sie mit dem Periost fest verbunden, so daß sie im allgemeinen hier nicht als selbständige Schichte nachgewiesen werden kann. Nach innen folgt dann eine lockere Bindegewebsschichte und schließlich die Pleura parietalis. Mertens faßt seine Ansicht zusammen, indem er sagt, daß die Fascia endothoracica „in den meisten Fällen keine gleichmäßig ausgebildete, zusammenhängende Schicht darstellt, die die ganze Thoraxwand austapeziert; sie zeigt vielmehr weitgehende lokale Unterschiede".

Aus den zitierten Äußerungen der Autoren, denen sich noch eine Reihe ähnlicher Definitionen anschließen ließen, läßt sich erkennen, wie verschieden ausgebildet das subpleurale Gewebe auftreten kann. Regelmäßig findet man an der Innenseite der Intercostalmuskulatur eine sehr straffe Membran, die von einer Rippe zur anderen ausgespannt, die Intercostalmuskulatur als Fascie bedeckt, so wie dies auch an der Außenseite des Thorax der Fall ist. Diese Membran ist daher wohl als eine Muskelfascie aufzufassen. Sie enthält sehr viel elastisches Gewebe. An der Innenseite der Rippen fehlt eine solche deutlich abgrenzbare Membran. Es wird daher die Thoraxwand nach innen hin durch das Periost der Rippen und entsprechend den Zwischenrippenräumen, von der die Muskulatur bedeckenden Fascie gebildet.

Als nächste Schichte folgt nach innen hin das subpleurale Gewebe und dann die Pleura parietalis. Im Bereiche der Rippenspangen locker gewebt, verdichtet sich dieses Gewebe besonders in der Gegend der Rippenköpfchen zu einer deutlichen Membran. Diese bedeckt die Gefäße und Nerven, ein Umstand, der vor allem wegen der Fixation der Venenwandungen von Bedeutung ist.

Für die chirurgische Praxis ist eine eindeutige Bezeichnung dieser Schichte unbedingt notwendig. Daher wird es sich empfehlen, den Namen Fascia endothoracica für jene Schichte zu reservieren, die diesen Namen am meisten deshalb verdient, weil sie überall an der Außenseite der Pleura parietalis zu finden ist. Dieser Bedingung entspricht nur eine Schichte, das subseröse Gewebe. Die Fascie dagegen, welche die Intercostalmuskulatur von innen bedeckt, ist nur dort entwickelt, wo es Muskelfasern gibt, ist also als Muskelfascie aufzufassen. Sie ist so wie die Muskulatur selbst zur Brustwand zu rechnen (Abb. 11).

Es dürfte sich daher am meisten empfehlen, in der Auffassung der Fascia endothoracica jenen Autoren zu folgen, welche wie Braus das gesamte zwischen Brustwand und Pleura gelegene Gewebe, also die gesamte Subserosa als Fascia endothoracica bezeichnen. Dann kann man auch sagen, die Pleura parietalis ist durch die Fascia endothoracica an die Innenseite der Brustwand angeheftet. Das Verhalten beim Kind, bei welchem das subseröse Gewebe einheitlich ist, sowie das pathologische Verhalten scheint mir für die Berechtigung dieser Definition zu sprechen. Bei peripleuritischen Prozessen findet man, der Pleura anliegend und mit ihr ziemlich fest verbunden, eine derbere Bindegewebsschichte, welche zu einer dicken Platte werden kann. Es handelt sich also um eine Verdichtung jenes Teiles der Fascia endothoracica, welche der Pleura benachbart ist. Gegen die eigentliche Thoraxwand hin bleibt aber bei diesen Prozessen immer ein Teil der Fascia endothoracica als zartes Gewebe erhalten, in welchem die Auslösung möglich ist. Bezeichnet man das ganze subseröse Gewebe als Fascia endothoracica, dann kann man auch sagen, man hat die Pleura extrafascial ausgelöst, da bei der Lösung immer Reste der Fascie an der Pleura haften bleiben.

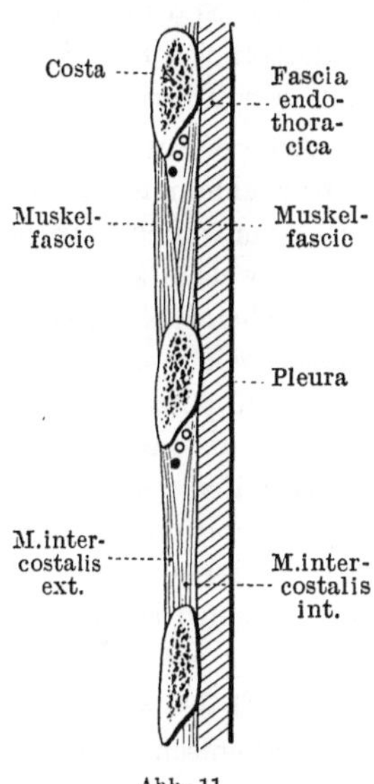

Abb. 11.

SCHMIDT bezeichnet die Schichte lockeren Gewebes, die hier als Fascia endothoracica aufgefaßt wird, als die „richtige Schichte" für die Pneumolyse. Sie ist es nicht nur deshalb, weil man die Lösung hier im subpleuralen Gewebe ohne Widerstand durchführen kann, sondern auch aus dem Grunde, weil hier vor allem dann keine Blutung auftritt, wenn bei einen pleuritischen Prozeß eine Verwachsung der beiden Pleuren miteinander eingetreten ist; in einem solchen Falle wird die Pleura parietalis von innen her mit Blut versorgt.

Bei der Präparation von außen nach innen läßt sich die Fascia endothoracica dort am leichtesten erkennen, wo sie sich von innen her an das Periost der Rippen anlegt. Spaltet man nach subperiostaler Entfernung der Rippen das Periost des Rippenbettes, dann ist das lockere Gewebe, in welches man eindringen kann, die Fascia endothoracica, die „richtige Schichte" für die Pleuralösung nach SCHMIDT. Wählt man den Weg durch die Intercostalmuskulatur, dann muß man nach Durchtrennung der Muskelfasern die zarte Fascie derselben spalten und kommt dann erst auf die Fascia endothoracica. Hier wird die Entscheidung, wann man sich in der richtigen Schichte befindet, schwieriger sein. Als Hilfsmittel kann der Umstand dienen, daß sich die Muskelfascie immer an den Rippen ansetzt.

Diese Auseinandersetzung war notwendig, um den Begriff „Fascia endothoracica" möglichst klarzulegen. Fascia endothoracica ist daher das gesamte zwischen Pleura parietalis und Brustwand gelegene Bindegewebe, wobei es gleichgültig ist, ob das ursprünglich lockere Gewebe sich zu festeren Zügen, Bindegewebsplatten oder Bändern verdichtet hat.

Das subpleurale Gewebe der Pleurakuppel. Auch über der Pleurakuppel findet sich Bindegewebe, das als Fascia endothoracica bezeichnet wird. Unter Pleurakuppel ist jener Teil der Pleura parietalis zu verstehen, welcher in den Ring der ersten Rippen eingespannt ist und kuppelförmig die Lungenspitze bedeckt. Das Verhalten des Bindegewebes über der Kuppel ist operativ von besonderer Bedeutung. Auch hier weichen die Beschreibungen der Autoren voneinander ab. Vor allem ist wieder LUSCHKA zu zitieren, welcher sagt: Die Fascia endothoracica folgt der Pleura costalis, „insoweit sie sich über die erste Rippe hinaus erstreckt. Die von allen Seiten, namentlich von der hinteren Brustwand über die Spitze des Pleurasackes zusammenfließenden fibrösen Bündel schützen das letztere Organ einigermaßen gegen die auf ihm gelagerten Gebilde und sichern zugleich durch schwächere und stärkere Adhärenzen die Lage derselben ...“ Nach BRAUS ist die Pleurakuppel durch eine aponeurotische Membran an der Innenwand der ersten Rippe fest angeheftet. „Diese Membran bedeckt häufig die ganze Kuppel, ist mit ihr innig verwachsen und durch derbe Bindegewebszüge an den Nachbarorganen befestigt.“

Nach SIEGLBAUER wird die Pleurakuppel durch die Fortsetzung der Fascia endothoracica mit dem ersten Rippenreif und durch die Fascia praevertebralis mit dem Trigonum scaleno-vertebrale fest verbunden.

Andere Autoren aber, wie z. B. TILLAUX, ZUCKERKANDL und der von ihm ganz unabhängige SEBILEAU, ebenso MERKEL, der ZUCKERKANDL folgt, sprechen nicht von einem einheitlichen Fascienblatt, sondern nur von bindegewebigen Zügen, welche aus der Nachbarschaft kommen und die Pleurakuppel einhüllen oder stellenweise in sie einstrahlen; diese Bearbeiter fanden also keine einheitliche Platte, welche man von der Pleurakuppel lösen könnte. Trotzdem ist es vorteilhaft, den ganzen Bindegewebsbestand, der die Kuppel in verschiedener Stärke bedeckt, als Fascia endothoracica zu bezeichnen, da er ja die Fortsetzung des subpleuralen Gewebes an der Brustwand ist. Nur darf man nicht erwarten, intra operationem eine einheitliche Platte zu finden, welche die Pleurakuppel von den ihr aufgelagerten Gebilden trennt. Dies gilt für normale Verhältnisse, bei peripleuritischen Prozessen liegt der Pleura von außen natürlich auch hier eine mehr oder weniger dicke Schwarte auf. Dann wird man aber die Pleura aus dieser verdickten Schwarte nicht ohne Verletzung auslösen können.

Anatomisch kann man natürlich die normale Pleura von innen her aus dem sie deckenden Bindegewebe ausschälen, also die Pleurakuppel entfernen. Man sieht dann von innen her auf eine bindegewebige Kuppel der sich von außen die Nerven und Gefäße der oberen Thoraxapertur auflagern. Diese bindegewebige Kuppel könnte man in Analogie zur Pleurakuppel als Bindegewebskuppel bezeichnen. Die französischen Autoren tun dies auch und unterscheiden den Dome pleural, die Pleurakuppel vom Dome fibreux, der Bindegewebskuppel. Dieser Dome fibreux ist nach TRUFFERT die Fortsetzung der Fascia endothoracica nach oben über das Niveau der ersten Rippe. BERNOU und FRUCHAUD sprechen sogar von einem Diaphragma, das sich über die Pleurakuppel wölbt.

Aus dieser Beschreibung ist bisher so viel ersichtlich, daß verschiedene Schichten vorhanden sind, in denen eine Auslösung der Lunge vorgenommen werden kann. Besondere Namen bezeichnen diese Schichten. Die innerste Auslösung der Lunge kommt nur in Frage, wenn die beiden Blätter der Pleura, viscerales und parietales Blatt pathologisch miteinander verwachsen sind. Dann ist eine Lösung zwischen beiden Blättern denkbar — intrapleurale Apikolyse. Eine Lösung außerhalb der Pleura parietalis, aber innerhalb der

Bindegewebskuppel, wäre als extrapleurale Apikolyse zu bezeichnen. Der Ausdruck intrafasciale Apikolyse würde dasselbe bedeuten. Die Lösung der Kuppel außerhalb des Bindegewebes wird extrafasciale Apikolyse genannt. Welche von diesen Lösungsmethoden operativ wirklich durchführbar und vom

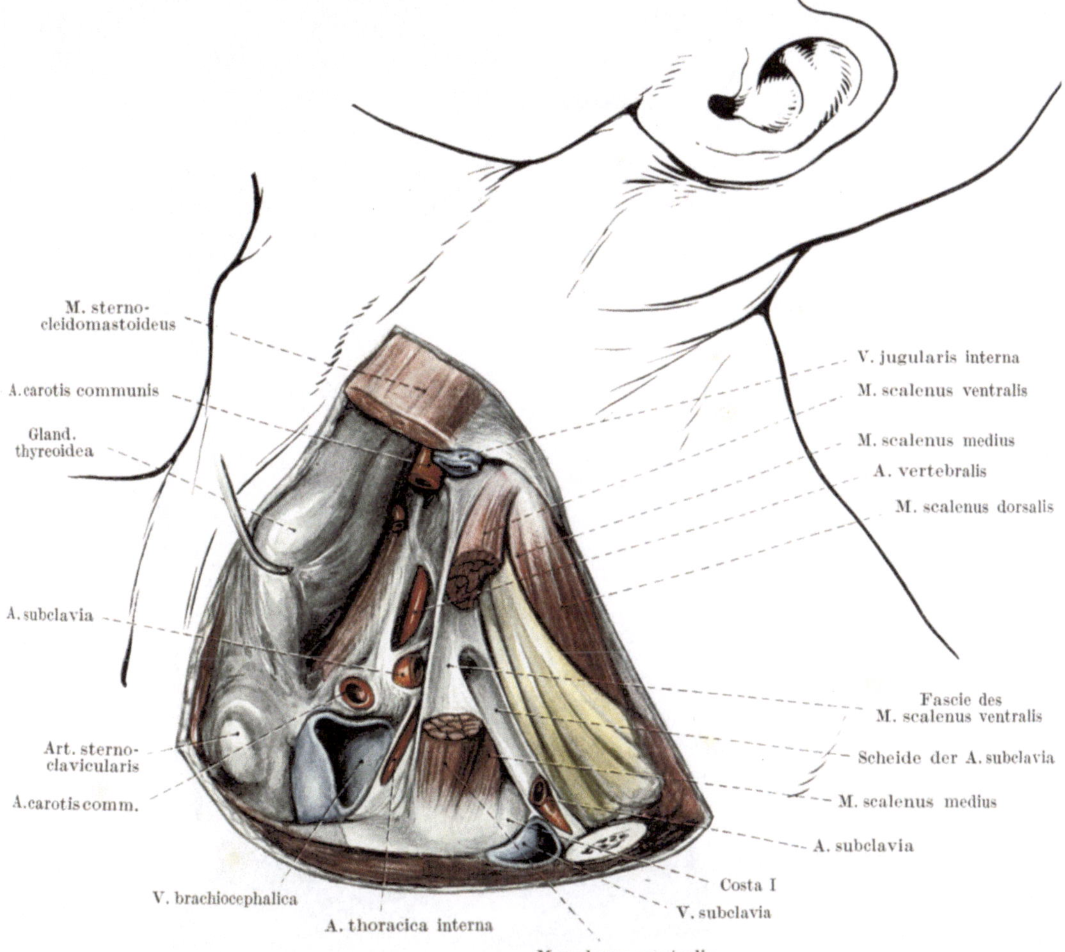

Abb. 12. Trigonum colli laterale. Das Verhalten des Bindegewebes zu den Gefäßen.

anatomischen Standpunkt gutzuheißen sind, wird die weitere Beschreibung zu zeigen haben.

Zahlreiche Untersuchungen, die ich an Leichen angestellt habe, ergeben, daß von einer selbständigen Bindegewebskuppel, welche sowohl von der Pleura als auch von dem umgebenden Bindegewebe ablösbar wäre, nicht die Rede sein kann. Eine solche Bindegewebskuppel oder Dome fibreux kann man wohl von innen darstellen, wenn man die Pleura ablöst. Von außen her kann man wohl vorsichtig die Gefäße und Nerven, welche über die Kuppel hinwegziehen, abpräparieren; dann bleibt das Bindegewebe zwischen den Gefäßen und Nerven bestehen und liegt der Pleurakuppel auf. Man sieht aber, wenn es sich um eine normale Pleura handelt, daß z. B. die A. subclavia nur durch Spuren von ganz lockerem Gewebe von der Pleura getrennt ist. Die Pleurakuppel liegt eigentlich

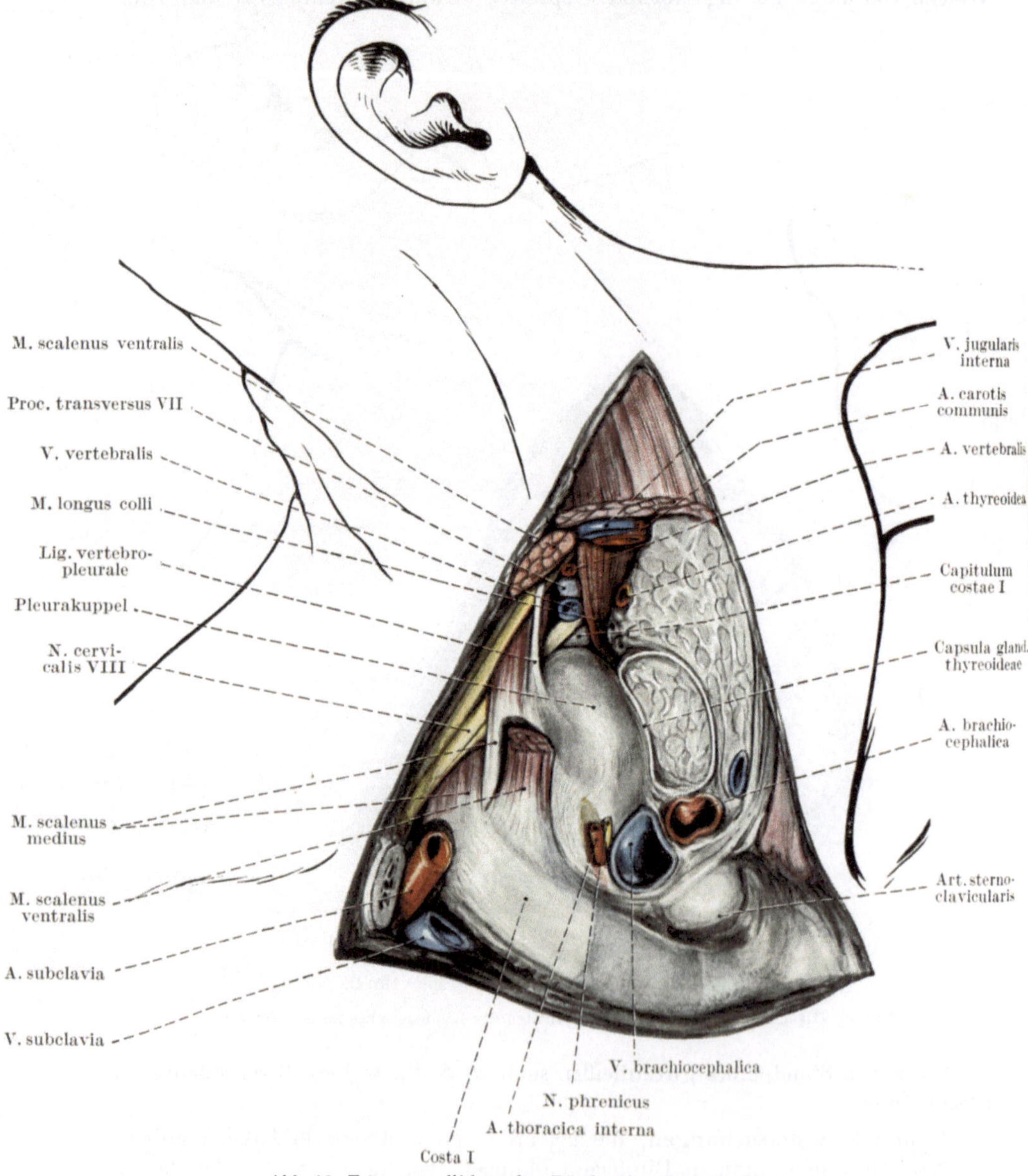

Abb. 13. Trigonum colli laterale. Bänder der Pleurakuppel.

ganz bloß vor. Die V. subclavia ist zwar durch etwas mehr Gewebe von der Kuppel getrennt, aber auch nicht von so viel, daß man von einer ,,Membran" sprechen könnte, die als Fascie die Kuppel umgeben würde. Dieses Verhalten zeigen die Abb. 12 und 13. Bei dem Präparat der Abb. 12 wurden die Gefäße und Nerven vom seitlichen Halsdreieck aus freigelegt; dann wurden die Gefäßscheiden sowie die Fascie des M. scalenus ventralis gespalten und der Muskel entfernt. Man sieht daher die Rinnen, in welchen die Gebilde früher lagen, über die Pleurakuppel hinwegziehen. Die Abb. 13 zeigt einen weiteren Akt der Präparation; es wurden auch jene Bindegewebspartien entfernt, welche zwischen den Gefäßen und Nerven gelegen waren und nur die Teile der Gefäß- und Nervenscheiden stehen gelassen, die der Kuppel anliegen. Daher sieht man jetzt, wie unregelmäßig die Pleurakuppel vom Bindegewebe bedeckt ist. Dort, wo die Gefäße fast direkt der Pleurakuppel aufgelagert waren, sieht diese dunkel aus[1]. An den Stellen zwischen den Gefäßen aber ist etwas mehr Bindegewebe angehäuft, die Stellen erscheinen weißlich. Man kann also hier nicht von einer einheitlichen Bindegewebskuppel sprechen. Wenn man daher eine normale Pleurakuppel auslösen will, kann man das nur in einer einzigen Schichte tun, in welcher lockeres Gewebe vorhanden ist, das ist zwischen den Muskeln, Gefäßen und Nerven einerseits und der Pleurakuppel andererseits. Dabei verbleibt wohl ein kleiner Rest des Bindegewebes auf der Pleurakuppel. Der oben gegebenen Bezeichnung entsprechend, spricht man von einer extrafascialen Apikolyse, wenn es sich bei einer normalen Pleura auch nur um minimale Bindegewebsschichten handelt, welche auf der Pleura verbleiben.

Die Methode der extrafascialen Apikolyse bzw. Pneumolyse stammt, soweit ich in der Literatur sehen konnte, von Semb. Wenn er die Pleurakuppel samt einer darüber gelegenen Bindegewebskuppel operativ freilegt, dann darf man sich bei dieser Operation, wenigstens solange es sich um eine normale Pleura handelt und nicht um peripleuritische Schwarten, nicht vorstellen, daß der Pleura außen wirklich eine deutlich abgrenzbare Schichte von Bindegewebe aufgelagert bliebe. Bei der Ablösung der Kuppel nach medial hin, wird wohl etwas mehr Bindegewebe bestehen bleiben, da hier das subpleurale Gewebe besser ausgebildet ist. An den Rippen wäre wohl eine derartige extrafasciale Lösung möglich, wie oben auseinandergesetzt wurde, also eine wirkliche extrafasciale Pneumolyse. Bei der Thoracoplastik von Semb wird aber bekanntlich die Pleura weder vom Rippenperiost noch von der Intercostalmuskulatur getrennt, sondern beide bleiben außen auf der Pleura liegen. Es ist also die Lösung noch weiter außen erfolgt, so daß man in Analogie zu den anderen Benennungen von einer extramuralen Lösung sprechen könnte.

Mit diesen Ausführungen ist absolut nicht eine Kritik an der Sembschen Operation beabsichtigt; die Lösung der Pleura nach Semb ist anatomisch vollkommen richtig gedacht und ausgeführt. Auch vom Standpunkt des Theoretikers ließe sich keine bessere Lösung finden. Nur der Name macht eine falsche Vorstellung, denn man würde erwarten, daß die Pleurakuppel nach einer „extrafascialen" Auslösung von einer deutlich abgrenzbaren Membran bedeckt sei, was eben nicht der Fall ist. Anatomisch gesprochen löst Semb die Pleurakuppel in jener Bindegewebsschichte aus, welche die Kuppel mit den Scheiden der Gefäße und Nerven verbindet, die über die Kuppel hinwegziehen.

Ganz andere Verhältnisse des Bindegewebes findet man natürlich, sobald peripleuritische Schwarten vorhanden sind. Dann ist tatsächlich der Pleurakuppel noch eine Bindegewebskuppel aufgesetzt, die mit der Pleura verwachsen

[1] Auf Abb. 13 an jenen Stellen zu sehen, wo die A. subclavia und thoracica interna die Pleura berührten (z. B. an der A. thoracica interna).

ist und SEMB hat wieder recht, wenn er sagt: „Die Ausführung der extra*pleuralen*[1] Apikolyse kann schwierig oder unmöglich sein.“ Die Verwachsung der Pleura mit der Schwarte ist ja sehr fest; außerhalb der Schwarte dagegen ist eine Lösung möglich, sie ist extra*fascial,* wenn man dieses veränderte mehr oder weniger schwartige Gewebe als Fascie bezeichnen will.

Die Fixation der Pleurakuppel. In der bisherigen Darstellung wurde eine Beschreibung des subpleuralen Gewebes gegeben und gezeigt, daß dieses an manchen Stellen sich zu einer besonderen Fascie verdichtet. Im folgenden ist nun jener Einrichtungen zu gedenken, welche im Gebiete der Kuppel für eine Fixation der Pleura sorgen.

Wie einleitend betont und an Beispielen auseinandergesetzt wurde, reagiert jedes Bindegewebe, welches mechanischen Beanspruchungen unterliegt, mit Verstärkung seiner Züge. Die Kraft, die auf die Pleura wirkt, ist der Zug der Lunge, der die Pleura parietalis von der Unterlage abzuheben trachtet; verhindert wird die Abhebung durch das subpleurale Gewebe, das als einheitlicher Bestand dort erscheint, wo die Wand des Thorax einheitliche feste Verhältnisse aufweist, das ist an der Innenseite der Rippen und am Zwerchfell. Dort aber wo keine solche Wand vorhanden ist, an der Pleurakuppel, kann die Pleura auch nicht wie eine Tapete der Wand folgen. Eine Fixation braucht sie aber doch, denn sonst würde sie durch die Saugkraft der Lunge eingezogen werden. Das Bindegewebe über der Kuppel ist daher ebenfalls einer Beanspruchung auf Zug ausgesetzt und bildet dementsprechend verstärkte Partien, die als Bänder beschrieben werden.

In welcher Weise halten diese Bänder nun die Pleura? Konstruktiv wäre zweierlei möglich. 1. Die Haftapparate ziehen tangential als Bänder über die Pleura hinweg, z. B. von einem Punkt der ersten Rippe zu einem anderen, ohne selbst an der Pleura zu inserieren. An diese Spangen kann die Pleura durch wenig zarteres Gewebe fixiert sein, so wie sie ja auch im übrigen Thoraxraum gegen die Rippen hin fixiert ist. Es wird dann gelingen, mit Vorsicht dieses zarte Gewebe zu zerreißen, und so die Pleura aus ihrer Umgebung zu lösen, ohne das Band zu zerstören. 2. Es ist aber auch möglich, daß bindegewebige Züge, die man als Bänder darstellen kann, von irgendeinem Punkt in der Nachbarschaft ausgehen und wirklich in die Pleura einstrahlen. Solche Züge können z. B. aus den Fascien der Umgebung stammen oder von Muskeln als Sehnenfäden abzweigen und mit der Pleura verwachsen. Sucht man derartige Züge von der Pleura „abzulösen“, so kann entweder das Band in seinem Verlauf irgendwo abreißen oder die Pleura ist der schwächere Teil und man reißt das Band aus der Pleura heraus, was natürlich mit einer Verletzung der Pleura einhergehen muß, und das Caum pleurae eröffnen kann.

Beide Möglichkeiten der Fixation können an der Pleurakuppel verwirklicht sein. Dabei sind freilich nicht immer beide Arten scharf voneinander getrennt. Es kommt vor, daß z. B. ein Band oder ein Muskel über die Kuppel hinweggespannt ist, so wie dies unter Punkt 1 beschrieben wurde und daß dann ein Teil seiner Fasern ablenkt und (nach Punkt 2) an der Pleura selbst verankert ist. Wichtig ist für die Chirurgie vor allem, daß es tatsächlich Züge gibt, die in die Pleura einstrahlen. Auf diesen Punkt muß deshalb besonders hingewiesen

[1] Von mir gesperrt.

werden, weil aus den Beschreibungen mancher Autoren nicht ersichtlich ist, wie die von ihnen beschriebenen Bänder an die Pleura herankommen.

Bei SEBILEAU, zitiert nach TRUFFERT, sind auch die Bänder eindeutig als Fixatoren des Dome fibreux aufgefaßt, d. h. sie stehen nicht mit der Pleura selbst in Zusammenhang.

Weiter sagt z. B. RAUBER-KOPSCH von Zügen des M. scalenus minimus: „er verliert sich an dem benachbarten Teil der von der Fascia endothoracica verstärkten Pleurakuppel". KOSMANN hat histologisch zu zeigen versucht, daß von dem genannten Bündel keine Fasern in die Pleura einstrahlen, doch erscheinen seine Bilder nicht sehr überzeugend. Deutlich zeigt dagegen eine Abbildung von DOMINICI, wie aus dem M. scalenus ventralis neben seinem Ansatz an der ersten Rippe Fasern gegen die Pleura hin abbiegen und mit dem Gewebe der Kuppel verwachsen sind. Analoge Verhältnisse fand ich auch am M. scalenus minimus (Abb. 14).

Es liegt auf der Hand, daß eine derartige Verbindung der Muskulatur mit der Kuppel entscheidenden Einfluß auf die Auslösbarkeit der Pleura haben muß.

Wenn so verschieden ausgebildete Verstärkungszüge und Zusammenhänge gefunden werden, so ist zu bedenken, daß es sich ja nie um mathematisch gleiche Dinge handelt. Daher findet man in dem einen Fall diese, in dem anderen jene Art der Pleurafixation besser ausgebildet und es erscheint erklärlich, daß bei einer Operation manchmal gar keine Bänder gefunden werden und sich die Kuppel mit dem Finger oder einem Tupfer leicht aus dem Bindegewebe auslösen läßt, in anderen Fällen zur Durchtrennung sogar eine Schere notwendig ist, wie auch SEMB betont. Eine solche Verdickung der Bänder findet sich besonders bei peripleuritischen Prozessen.

Im speziellen ist über die Bänder und die sonstigen Einrichtungen, welche die Kuppel erhalten, folgendes zu sagen: Als Träger der Kuppel können betrachtet werden: 1. Die Gefäße und Nerven, mit dem sie umgebenden Bindegewebe. 2. Die Mm. scalenus ventralis, medius und minimus. 3. Das Lig. costo-pleuro-vertebrale. 4. Das Lig. costo-pleurale. 5. Das Lig. vertebro-pleurale. 6. Das Lig. oesophago- und tracheo-pleurale.

1. Wenn auch die Fixation der Pleura durch die Gefäße und Nerven nicht ausschlaggebend sein wird, so ist sie doch nicht ganz außer acht zu lassen. Besonders die während des Lebens prall mit Blut gefüllten Arterien sind über der Kuppel zu bogenförmigem Verlauf gezwungen und setzen einer Abflachung dieses Bogens durch die Gebilde, welche an ihnen befestigt sind, einen Widerstand entgegen. So helfen sie die Kuppel tragen. Besonders die Aa. subclavia und thoracica interna, die durch sehr wenig Gewebe mit der Kuppel in Verbindung stehen, kommen als Fixatoren in Betracht. Ähnlich muß wohl auch der caudale Teil des Plexus brachialis wirken, so der Th. I und vielleicht auch noch C. VIII, die den hinteren Abhang der Kuppel kreuzen.

2. Die Mm. scaleni. Der M. scalenus ventralis, der von oben herab zur ersten Rippe zieht, liegt der Kuppel von vorne und oben auf, so daß sie durch Bindegewebe an seine zarte Fascie fixiert ist. Von der Endsehne können außerdem verschieden starke Züge abzweigen und an der Kuppel nahe dem Tuberculum scaleni inserieren; sie haben daher auf den lateralen und vorderen Teil der Kuppel Einfluß.

Die engsten Beziehungen zur Kuppel hat aber der M. scalenus minimus, welcher in etwa einem Viertel der Fälle vorhanden, zwischen der A. subclavia

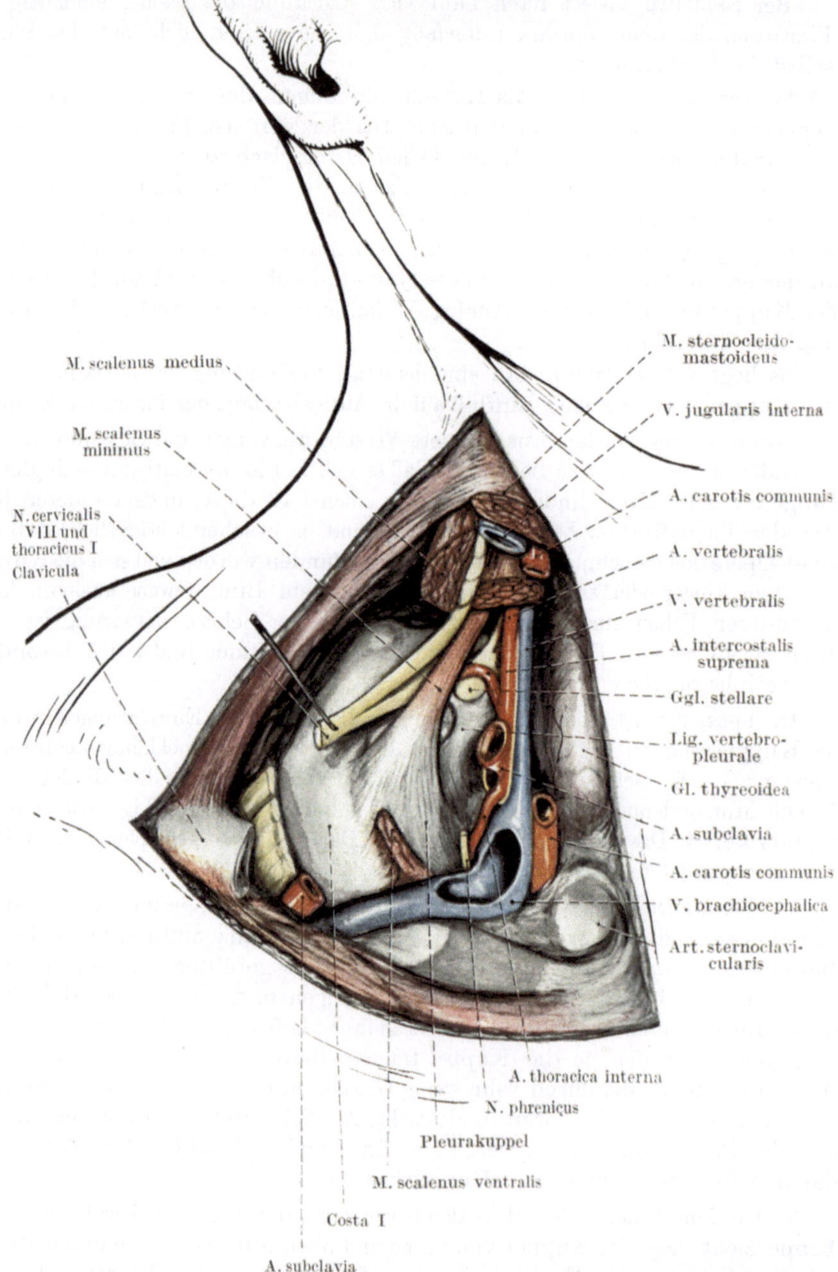

Abb. 14. Trigonum colli laterale. M. scalenus minimus und Bänder der Pleurakuppel.

und dem Plexus durchzieht und hinter dem M. scalenus ventralis die erste Rippe erreicht. Der Scalenus minimus tritt sowohl in seinem Verlaufe als auch mit seinen Ansätzen in direkte Beziehung zur Kuppel. Sein Verlauf führt ihn über deren hinteren Abhang. Die zarte Fascie des Muskels ist wohl durch Bindegewebe

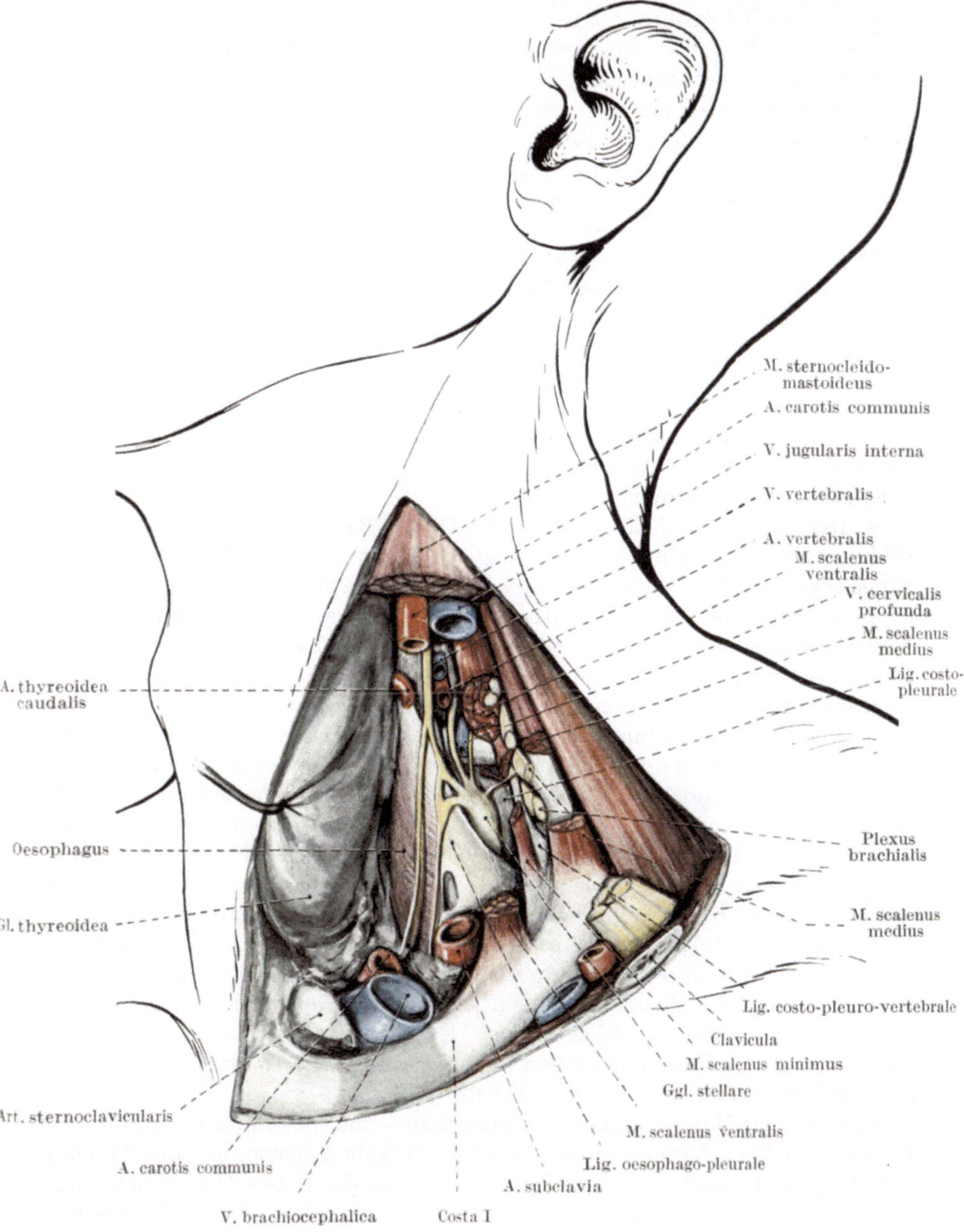

Abb. 15. Trigonum colli laterale. Bänder der Pleurakuppel.

mit der Kuppel in Verbindung, doch läßt sich diese immer leicht auslösen. Das Ende des Muskels aber setzt nicht nur an der ersten Rippe an, sondern ein großer

Teil seiner Fasern geht direkt in die Kuppel über, so daß er in deren Gewebe selbst verankert ist. Der Muskel führt daher den Namen Tensor pleurae, den ihm ZUCKERKANDL gegeben hat, mit Recht. Die zur Pleura führenden Fasern variieren natürlich in ihrer Stärke. Sind sie sehr zart, dann wird es ohne weiteres gelingen, diese Fasern zu zerreißen, sobald der Muskel selbst von der ersten Rippe gelöst ist. Bei guter Ausbildung der Züge wird aber die Pleura am M. scalenus minimus hängen bleiben, auch wenn der Muskel von der Rippe getrennt ist. Dann ist es notwendig, die Fasern zu durchschneiden. Im Falle einer Peripleuritis kann auch der Zug des Scalenus zur Pleura verdickt sein. Dann ist eine stumpfe Ablösung sicher nicht möglich (Abb. 14).

3. Das Lig. costo-pleuro-vertebrale. Die Ausbildung des M. scalenus minimus stellt gleichsam ein Extrem dar, dessen Gegensatz ein rein bindegewebiger Strang, das Lig. costo-pleuro-vertebrale ist, dem manchmal als Übergang ein paar zarte Muskelfasern als ganz schwache Ausbildung des M. scalenus minimus folgen können. SEBILEAU bezeichnet dieses Band als Lig. transverso-pleural. Es entspringt von den unteren Halswirbeln; ein Teil der Fasern zieht zur ersten Rippe, wo sie hinter der Insertionsstelle des M. scalenus minimus enden. Ein Großteil des Bandes strahlt gänsefußartig von oben her in die Vorderfläche der Pleurakuppel ein. An dem Präparat der Abb. 15 steht es mit dem Lig. costo-pleurale im Zusammenhang.

4. Das Lig. costo-pleurale (Abb. 15). Dieses Band dürfte die konstanteste Bildung sein. Es ist ein Bindegewebszug, der ganz medial am Halse der ersten Rippe beginnt und wie die Sehne eines Bogens verlaufend, weiter vorne an der Rippe ansetzt. Den Namen „costo-pleurale“ trägt es in seiner gewöhnlichen Ausbildung insoferne nicht ganz mit Recht, als seine Fasern nicht in die Pleura einstrahlen, sondern nur über deren hinteren Umfang hinwegziehen. Durch Bindegewebe ist das Band aber mit der Pleura im Zusammenhang. Dadurch bietet das oft recht straff gespannte Band, das man an der Leiche vom Cavum pleurae her tasten kann, der Kuppel einen Halt. Aus dem Loch, welches von der ersten Rippe als Bogen und dem Lig. costo-pleurale als Sehne umrandet wird, tritt der N. thoracalis I aus der Tiefe hervor, auf die obere Fläche der ersten Rippe; ihm entgegen verläuft die A. und V. intercostalis suprema. Medial vom Ligament verschwindet der N. sympathicus nach abwärts. In manchen Fällen entläßt das Ligament auch einen Bindegewebszug, der in die Pleurakuppel einstrahlt.

5. Als Lig. vertebro-pleurale beschreibt man einen Zug aus zarten Gewebsbündeln, welcher vom ersten Brustwirbel kommt und gegen den medialen und hinteren Abhang der Pleurakuppel zieht, um in diese einzustrahlen. Diese Züge sind immer viel zarter und feiner als jene des Lig. costo-pleurale, so daß sie sich von einer normalen Pleura immer leicht stumpf ablösen lassen. Das Lig. vertebropleurale liegt medial vom N. sympathicus (Abb. 14).

6. Unter dem Namen Ligamentum oesophago- und tracheo-pleurale faßt man Bindegewebszüge zusammen, welche aus dem Gewebe kommen, welches Trachea und Oesophagus umgibt und als Eingeweidefascie des Halses bezeichnet wird.

Der gesamte hier beschriebene Bandapparat wird in den chirurgischen Arbeiten oft unter dem Namen ZUCKERKANDL-SEBILEAUsche Bänder zusammengefaßt.

Aus obiger Darstellung erhellt vor allem die Vielfältigkeit der Einrichtungen, welche bestimmt sind, die Pleurakuppel zu halten. Es erscheint begreiflich, daß die Beschreibungen der verschiedenen Autoren sehr voneinander abweichen, da in einem Fall das eine, im anderen Fall das andere Band gut ausgebildet ist. Wenn von einigen Autoren darauf hingewiesen wird, man müsse die Bänder vor der Durchtrennung wegen der Möglichkeit starker Blutungen doppelt ligieren, so ist diese Vorsichtsmaßnahme bei guter Ausbildung der Bänder, wie sie z. B. auf Abb. 20 zu sehen ist, vollauf begründet. Handelt es sich aber nur um ganz zarte Züge, die gar keinen Widerstand bieten, dann wird man sicher keine Blutung aus dem Bande zu erwarten haben. Es ist aber die Möglichkeit nicht von der Hand zu weisen, daß manchmal Blutungen auftreten, die irrtümlich den Bändern zugeschrieben werden, in Wirklichkeit aber aus Gefäßen in der Nähe der Wirbelsäule stammen, die bei der Ablösung der Pleura verletzt wurden. Ist das Gewebe durch peripleuritische Prozesse verdickt, dann nehmen auch die Bänder an Dicke zu und sind stärker vascularisiert als normal, so daß in diesen Fällen besondere Vorsicht am Platze ist.

II. Die operativen Zugänge zur Pleurakuppel.

Schon aus der bisherigen systematischen Beschreibung ist zu entnehmen, daß die Pleurakuppel von zahlreichen Gebilden umgeben ist, welche den Weg zum ersten Ziel der Apikolyse, zur ersten Rippe versperren. Von chirurgischer Seite wurde versucht, auf verschiedenen Wegen dieses Ziel zu erreichen. Es besteht die Möglichkeit, von hinten, oben oder vorne zur ersten Rippe zu gelangen. Alle drei Wege wurden chirurgisch begangen und müssen daher jetzt vom anatomischen Standpunkt aus dargestellt und erläutert werden. Als einfachster und sicherster Weg ist wohl jener von dorsal her zu bezeichnen. Er wird daher zuerst und am ausführlichsten beschrieben. Dann folgt der Weg von vorne, der wohl auch von einigen Chirurgen begangen wird, während der Zugang zur ersten Rippe von oben her jetzt, wie aus der Literatur hervorgeht, kaum mehr für die Apikolyse in Betracht kommt.

Die Darstellung der Topographie folgt den chirurgischen Wegen und will an Hand der Abbildungen zeigen, wie der Chirurg am sichersten vorgeht und am besten Gefahren, die im anatomischen Aufbau des Körpers liegen, vermeidet.

1. Der Weg von dorsal.

Schnittführung durch Haut und Muskulatur. Der Zugang zu den obersten Rippen wird durch die Scapula versperrt. Es ist daher notwendig, die Muskeln, welche sie fixieren, so zu durchtrennen, daß das Schulterblatt nach lateral und oben gezogen werden kann.

Meistens wird die Haut samt der Muskulatur in einem Zuge durchtrennt. Bei der Wahl des Schnittes ist nicht nur darauf zu achten, daß die Narbe besonders bei Frauen möglichst gut durch die Kleidung verdeckt werden kann, sondern auch darauf, daß jene Muskeln im Schnitt getroffen werden, welche eine Dislokation der Scapula in der gewünschten Richtung verhindern, um so gleich von Anfang an einen möglichst weiten Zugang zur ersten Rippe zu schaffen. Unter größerer oder geringerer Berücksichtigung dieser beiden Momente werden verschiedene Schnittführungen angegeben, von welchen als die wichtigsten jene von Sauerbruch, Roux und Semb erscheinen. Alle diese Schnittführungen haben gemeinsam, daß sie in der Mitte zwischen den Dornfortsätzen der

Wirbelsäule und dem medialen Rande der Scapula senkrecht nach abwärts verlaufen. Nach SAUERBRUCH beginnt der Schnitt oben fast in der Nackenlinie und reicht, je nach der Zahl der zu resezierenden Rippen verschieden weit nach abwärts. Die Muskulatur, welche in dieser Schnittlinie durchtrennt wird, hält die Scapula nach medial hin fest an den Thorax. Nach ihrer Durchtrennung kann daher das Schulterblatt vom Thorax abgehoben und nach lateral vorne verzogen werden. Die Muskeln, welche von oben und von unten her die Scapula fixieren, können geschont werden, da sowohl das obere Ende des M. trapezius als auch jener Teil des M. latissimus dorsi, der das untere Ende der Scapula bedeckt, durch ihre Dehnbarkeit die Beweglichkeit des Schulterblattes nicht behindern.

Wird nach der Angabe von ROUX, welchem auch SEMB folgt, das untere Ende des Schnittes nach lateral verlängert, dann gelingt es noch leichter, die Scapula vom Thorax abzuheben, was besonders bei muskelstarken Menschen von Vorteil sein wird. Da die Muskulatur sich aber so weit dehnen läßt, daß eine genügende Entfernung der Scapula auch bei einem kürzeren Schnitt erreicht werden kann, wird man den Schnitt nur dann ganz weit nach unten verlängern, wenn auch an den unteren Rippen operiert werden soll.

Nach oben hin führen weder SEMB noch ROUX den Schnitt so hoch hinauf wie SAUERBRUCH. ROUX läßt ihn in der Höhe der Spina scapulae enden, ebenso MAURER. SEMB geht 1—2 cm über diese Linie hinauf. Der kurze Schnitt hat den großen Vorteil, daß sich die Narbe besser verbergen läßt. Dazu kommt noch, daß es nicht empfehlenswert ist, die tiefe Nackenmuskulatur oberhalb der Spina zu durchtrennen; hiefür sind Gründe vorhanden, welche später auseinanderzusetzen sind. Für die Beweglichkeit der Scapula wird durch eine Schnittführung bis zur Nackenlinie nicht so viel erreicht, daß hierdurch die Nachteile aufgewogen werden würden. Die tiefe Nackenmuskulatur, vor allem der M. levator scapulae kann nach oben verzogen werden, so daß sich die Scapula trotz des kürzeren Schnittes genügend abheben läßt. Man kann sie ja auf jeden Fall nach lateral und gleichzeitig etwas nach oben ziehen.

Ganz anders legt PICOT (zitiert nach BERNOU, S. 357) den Hautschnitt an. Dieser beginnt in der Höhe des Dornfortsatzes des zweiten Wirbels und verläuft horizontal über die Fossa supra spinam. Durch diesen Schnitt wird nur ein ganz schmaler, dazu sehr tiefer Zugang zu der ersten Rippe geschaffen; außerdem wird der N. accessorius gefährdet und das Abheben der Scapula nicht erleichtert, da ja die Muskeln, welche das Schulterblatt fixieren, nur gespalten, aber nicht durchtrennt werden. Der Schnitt dürfte wohl kaum weitere Verbreitung gefunden haben und ist vom anatomischen Standpunkt nicht zu empfehlen. Dasselbe gilt von der Schnittführung von ODY, welcher an einem kurzen vertikalen Schnitt zwischen den Dornfortsätzen und dem medialen Rande der Scapula in der Höhe der Fossa supra spinam einen Horizontalschnitt ansetzt, der bis an das Akromioclaviculargelenk reicht. Der Trapezius wird in der Richtung des Hautschnittes gespalten. Wenn ODY auch angibt, durch diesen Schnitt einen besseren Zugang zur Tiefe zu erzielen, so erscheint dies doch nicht ganz berechtigt, denn er durchtrennt den M. levator scapulae nicht, gefährdet aber den N. accessorius, der dem Trapezius eng anliegend verläuft. Auch die Schnittführung von MALLET GUJ und DESJACQUES entspricht nicht den Anforderungen der Topographie. Der Hautschnitt beginnt am Akromioclaviculargelenk, steigt der Nackenlinie folgend hoch hinauf, und wird dann nach abwärts umgebogen, so daß er ein Stück weit parallel der Wirbelsäule herabgeführt wird. Dadurch entsteht ein Hautmuskellappen, der nach abwärts geschlagen werden kann. Dabei wird wieder der N. accessorius gefährdet, der Zugang zur ersten Rippe kann aber nur von oben her erfolgen, so daß der Operateur in großer Tiefe zu arbeiten gezwungen ist. SUSANI[1] verwendet einen Hautschnitt, der der Spaltrichtung der Haut folgt. Er beginnt etwas unterhalb des medialen Endes der Spina scapulae und steigt gegen den dritten Brustwirbeldorn auf. Die Muskelschichten werden möglichst stumpf in der Richtung ihrer Faserung durchtrennt, der M. rhomboideus minor und der M. levator scapulae bleiben intakt. Das stumpfe Arbeiten gewährleistet eine sichere Schonung der Nerven; die Schnittführung hat aber den Nachteil, daß die Operationswunde nicht einfach nach caudal verlängert werden kann.

Schließlich sei noch der Weg von BERNOU und FRUCHAUD erwähnt, welche bestrebt sind, die breite Rückenmuskulatur möglichst zu schonen. Sie führen den Hautmuskelschnitt viel weiter medial als die anderen Autoren. Ihr Schnitt läuft nur einen Querfinger lateral von der Linie der Dornfortsätze von der Höhe des ersten Brustwirbels bis in die Höhe des vierten. Hier setzen sie einen zweiten Schnitt an, der nach außen und unten verläuft und etwas unter der Spina scapulae am medialen Rande des Schulterblattes endet. Dem senkrechten Anteil dieses Schnittes entsprechend werden der Trapezius und der obere Teil der Mm. rhomboidei durchschnitten. Die Muskeln sind hier dünn, der Trapezius aponeurotisch, so daß nur geringe Blutung eintritt. Gemäß dem schrägen unteren Anteil des Schnittes wird die caudale Partie des Trapezius quer durchtrennt, und der M. rhomboideus major entlang seiner Faserung gespalten. Es bleibt daher der caudale Teil des Rhomboideus erhalten. Auf diese Weise läßt sich wohl ein Zugang zu den Rippen mit möglichst weitgehender Schonung der Muskulatur erreichen, es ist aber doch zu bezweifeln, ob sich der obere Wundwinkel so weit nach aufwärts verziehen läßt, daß der Zugang zur ersten Rippe genügend übersichtlich wird; die Beweglichkeit der Scapula muß bedeutend geringer bleiben als bei dem Schnitt von SAUERBRUCH u. a. Es wird daher notwendig sein, bei dieser Schnittführung viel mehr in der Tiefe zu arbeiten als bei den anderen, was bei der Schwierigkeit der Auslösung der ersten Rippe sehr ins Gewicht fällt. Diese Schwierigkeiten wegen einer kurzen Narbe, einer geringeren Muskelblutung und der größeren Schonung der Rückenmuskulatur in Kauf zu nehmen, erscheint anatomisch nicht ganz begründet. Der oberste Grundsatz für die Anlegung eines Hautschnittes muß doch der sein, das Operationsfeld so übersichtlich zu gestalten, als dies für die Sicherheit der Operation notwendig ist.

Die Schichten des Rückens.

Unter der derben Rückenhaut findet sich die locker gewebte Subcutis, die aus Platten und Faserbündeln besteht, zwischen welche manchmal reichlich Fett eingelagert ist. Eine starke Fascie der Rückenmuskeln existiert nicht, sondern sie werden nur von einer ganz zarten Scheide umschlossen. Die Arterien und Venen des Subcutangewebes sind segmental angeordnet und treten in einer medialen und lateralen Reihe durch die Muskulatur hervor. Die mediale Reihe

[1] SUSANI: Persönliche Mitteilung.

erscheint nahe den Wirbeldornen, die laterale weiter außen, doch ist diese Linie nicht regelmäßig und die Gefäße klein. Ähnlich verhalten sich auch die Hautnerven (Abb. 1).

Der M. trapezius (Abb. 1), welcher die erste Schichte der Muskeln darstellt, ist am Verlaufe seiner Fasern leicht zu erkennen. Sie ziehen im oberen Teil der Wunde schräg nach unten, im mittleren horizontal, im unteren schräg nach oben. Im untersten Wundwinkel erscheint, wenn der Schnitt nach Roux im Bogen nach außen geführt wird, hinter dem lateralen Rande des Trapezius der M. latissimus dorsi, dessen Fasern in horizontalem Verlaufe das untere Ende der Scapula bedecken. Der M. trapezius hat wie alle Muskelplatten des Rückens nur eine verhältnismäßig geringe Dicke. Auch bei kräftigen Personen wird er nie auffallend dick; bei schwachen und zarten weiblichen Patienten kann er sogar außerordentlich dünn sein.

Die nächste Platte wird von den Mm. rhomboidei gebildet (Abb. 2). Die beiden Muskeln, Rhomboideus major und minor lassen sich nur mehr oder weniger künstlich voneinander trennen. Die Platte ist medial aponeurotisch, lateral setzt sie muskulös am Rande des Schulterblattes an, wobei sie nur den obersten Winkel freiläßt. Diesen besetzt der kranial von den Rhomboidei liegende M. levator scapulae, dessen Fasern parallel zum M. rhomboideus minor verlaufen.

Hat man den M. trapezius, wie dies die beschriebenen Schnittführungen angeben, durchtrennt, dann werden keine großen Gefäße verletzt. Diese kommen oberhalb oder unterhalb des M. levator scapulae zum Vorschein, manchmal auch zwischen dem Rhomboideus major und minor und ziehen an der Innenseite des M. trapezius nahe von dessen Ansatz an der Scapula nach abwärts. Ihnen folgt der N. accessorius, welcher von oben kommend, zuerst dem kranialen Rande des Levator scapulae folgt, dann der Innenseite des M. trapezius, eng anliegend, nach abwärts zieht. Während seines ganzen Verlaufes gibt er zarte Äste in den Muskel ab. Der Nerv wird daher mit Sicherheit geschont, wenn man den M. levator scapulae nicht durchtrennt. Wie bei der Besprechung der einzelnen Muskeln schon auseinandergesetzt wurde, hindert der Muskel ein Verziehen der Scapula nach lateral und oben nicht, da er sich leicht genügend dehnen läßt. Die dem M. trapezius von innen anliegenden Gefäße und der Nervus accessorius kommen operativ nicht zur Ansicht, denn sie werden zusammen mit dem oberen Teil des M. trapezius nach lateral verzogen. Am medialen Rande der Wunde kann man, wenn man hier die Haut mit der Muskulatur nach medial noch weiter verzieht, kleine Gefäße und Hautzweige als Äste der Intercostales finden, die aber alle nicht von Bedeutung sind. Im untersten Anteil der Wunde sieht man nach Durchtrennung des Trapezius fast immer ein größeres Gefäß lateral von der langen Rückenmuskulatur hervorkommen, das in den Trapezius eindringt und unterbunden werden muß.

Durchtrennt man dann auch die Schichte der Rhomboidei, was wie erwähnt, bei der Operation ja meist in einem Zuge mit dem Hautschnitt geschieht, dann ist der mittlere Teil des Schulterblattes seines Haltes beraubt; dieses kann nach lateral disloziert werden. Im Gegensatz zu der Länge des Schnittes durch Haut und M. trapezius empfiehlt es sich bei der Durchtrennung der nächsten Schichte den Schnitt oben zu verkürzen und nicht nur den M. levator scapulae, sondern auch den M. rhomboideus minor zu belassen. Dadurch ist man sicher, den N. accessorius bestimmt zu schonen, da er am oberen Rande des Levator verläuft. Aber auch caudal zieht ein Nerv den Levator entlang, das ist der motorische Nerv für die Rhomboidei und den Levator, der N. dorsalis scapulae. Der Nerv ist ein sehr zarter Faden; er entsteht oft aus zwei feinen Zweigen, von welchen der eine durch den M. scalenus medius nach hinten austritt, der andere den Levator durchbohrt oder an seinem unteren Rande zum Vorschein kommt (Abb. 4). Nach der Vereinigung der beiden Fäden folgt der Nerv dem unteren Rande des Levator bis gegen dessen Ansatz am Schulterblatt. Hier biegt er nach caudal um und liegt der Innenseite der Rhomboidei nahe deren Ansatz an der Scapula in derselben Weise an, wie der N. accessorius der Innenseite des Trapezius. Um beide Nerven, Accessorius und Dorsalis scapulae mit Sicherheit zu schonen, empfiehlt es sich, die Muskelplatte, welche man unter dem Trapezius antrifft, nicht bis oben hin zu durchtrennen, und so nicht nur den Levator scapulae, sondern auch den Rhomboideus minor zu schonen. Da es intra operationem wahrscheinlich nicht leicht sein wird, die Muskeln mit Sicherheit zu identifizieren, kann als Richtlinie dienen, daß der Schnitt, welcher in der Mitte zwischen den Dornfortsätzen und dem medialen Rand des Schulterblattes geführt wird, die Höhe des Angulus superior scapulae nicht ganz erreichen soll.

Nach Durchtrennung dieser Muskulatur kann die Scapula leicht nach lateral und oben gezogen und dabei vom Thorax abgehoben werden. Nur ganz zartes, lockeres Bindegewebe findet such zwischen der Innenseite des Schulterblattes und dem Thorax, so daß ein Eindringen mit der Hand genügt, um es zu zerreißen. Hebelt man nun den medialen Rand der Scapula vom Thorax ab, dann spannt sich in der Tiefe der obere Rand des M. serratus lateralis an, der von den Rippen kommend, sich am medialen Rande der Scapula ansetzt. Sein oberer Rand ist deutlich zu fühlen, wenn man mit der Hand zwischen Thorax und Schulterblatt eingeht (Abb. 16 und 17).

Die Freilegung der Rippen.

Sobald die Scapula abgezogen und die Blutstillung beendet ist, werden die Rippen vollkommen freigelegt. Hiezu ist der M. scalenus dorsalis, der Serratus dorsalis cranialis und medial vom Angulus costae ein Teil des M. errector trunci zu entfernen. Spaltet man die dünne und großenteils aponeurotische Platte des M. serratus dorsalis cranialis, dann läßt sich sein Ansatz an den Rippen leicht mit dem Raspartorium entfernen (Abb. 4). Der mediale Teil der Rippen wird mindestens bis an die Processus transversi von den Ansätzen und Ursprüngen der Teile des M. errector trunci gereinigt, indem man das Muskelfleisch einfach nach medial abschiebt. An der zweiten Rippe findet man lateral stärkere Muskelpartien fixiert. Es ist dies der M. scalenus dorsalis (Abb. 4), der sich ebenfalls leicht mit dem Raspartorium ablösen läßt. Auf Abb. 16 ist noch der Ansatz des lateralen Teiles dieses Muskels an der zweiten Rippe zu sehen. Im lateralen Teil der Wunde im Anschluß an den Ansatz des Scalenus sieht man den Ursprung der obersten Zacke des M. serratus lateralis, welcher zusammen mit den übrigen Muskeln abgeschoben wird. Die Freilegung der Rippen von den eben aufgezählten Muskeln läßt sich sehr leicht bewerkstelligen, ohne daß man sich um die Muskeln im einzelnen zu kümmern braucht. Man geht so vor, daß man nach medial und nach lateral alles mit dem Raspartorium abschiebt, was die Rippen bedeckt.

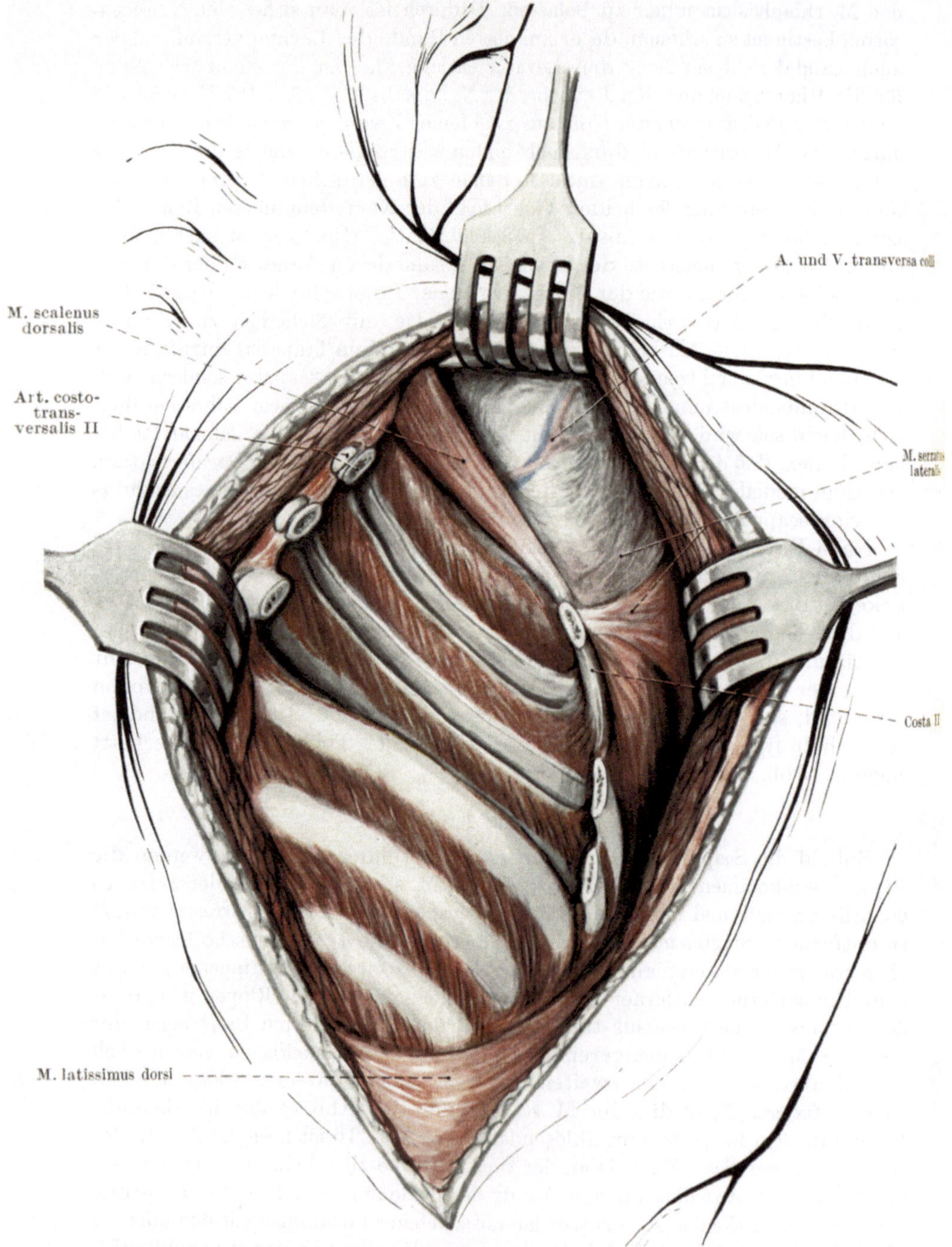

Abb. 16. Exstirpation der ersten Rippe von dorsal. Operationsbild I. Die zweite, dritte und vierte Rippe sind entfernt.

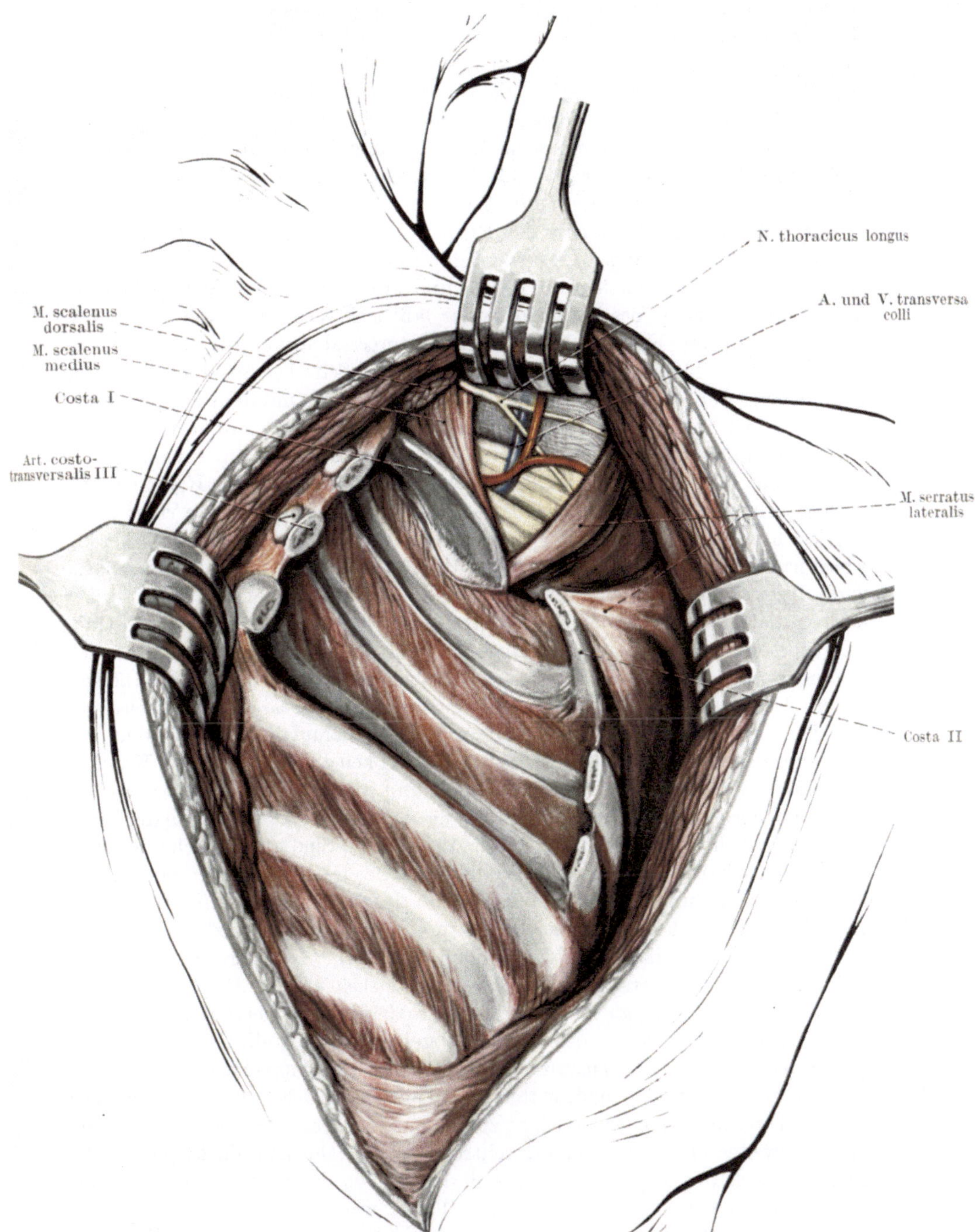

Abb. 17. Exstirpation der ersten Rippe von dorsal. Operationsbild II. Die erste Rippe ist an ihrer caudalen Seite freigelegt. (Ansicht von dorsal und unten.)

Nun sind die Dorsalflächen der Rippen, von der zweiten angefangen, vom Costo-transversalgelenk bis weit nach lateral freigelegt. Die Zahl der Rippen, welche frei gelegt werden, richtet sich natürlich nach der Indikation. Die erste Rippe ist noch nicht sichtbar, da sie von der Scalenusmuskulatur bedeckt ist. Der N. accessorius und dorsalis scapulae sowie die sie begleitenden Gefäße sind durch die nach oben verzogene Muskulatur geschützt und nicht sichtbar, doch kann der Stamm der A. und V. transversa colli durch das deckende Bindegewebe durchschimmern (Abb. 16).

Die vollkommene Freilegung der Rippen beginnt man am besten an der zweiten und dritten Rippe. Diese werden subperiostal ausgeschält. Hierbei ist darauf zu achten, daß erstens die Pleura und zweitens die Intercostalgefäße geschont werden. Eine Beschädigung beider läßt sich vermeiden, wenn man sich ganz knapp an den Knochen hält. Da die Intercostalmuskulatur schief an den Rippen ansetzt, läßt sie sich am besten von jener Seite her abschieben, wo sie mit der Rippe den spitzen Winkel bildet. Daher muß man mit dem Raspartorium an der unteren Seite jeder Rippe von innen nach außen an der oberen Seite von außen nach innen der Rippenkante entlang fahren. Um auch die Innenseite der Rippen vom Periost zu entblößen, verwendet man das gebogene Raspartorium nach Schneider. Sobald man das Periost an einer Stelle der Rippe ringsherum abgelöst hat, führt man das Raspartorium nach Doyen um die Rippe herum, wobei natürlich besonders darauf zu achten ist, daß die Pleura nicht verletzt wird. Liegt das Instrument einmal richtig dicht dem Knochen an, dann wird es nach medial und lateral der Rippe entlang geschoben und so das Periost abgelöst; besonders an der unteren Kante der Rippe muß man darauf achten, daß das Instrument wirklich der Kante eng anliegt, da in ihrer Nähe die Gefäße verlaufen. Da die Pleura nur durch die hier sehr zarte Fascie endothoracica mit dem Periost verbunden ist, muß von Anfang an darauf gesehen werden, das Raspartorium dicht dem Knochen anzulegen und keine Periostreste am Knochen zu belassen. Liegt das Instrument richtig, dann ist beim Verschieben desselben keine besondere Vorsicht mehr notwendig, da sich das Periost leicht von der Rippe löst, und es nicht zum Einreißen der Pleura kommt. Sind aber Stücke des Periostes am Knochen hängengeblieben, dann gerät das Raspartorium in eine falsche Bahn und die Pleura reißt beim Verschieben des Instrumentes ein. Bei einiger Übung läßt sich das Periost einer Rippe in einem Zuge nach medial und einem Zuge nach lateral vollkommen vom Knochen ablösen. Nur ganz medial in der Nähe des Costo-transversalgelenkes haften die Muskeln und das Periost besonders fest am Knochen, so daß man hier manchmal scharf nachhelfen muß.

Sobald das Periost von den Rippen abgelöst ist, sinkt die Pleura mit den Resten der Intercostalmuskulatur ein und bewegt sich entsprechend der Atmung.

Nun wird die zweite und dritte Rippe entfernt. Dies geschieht mit einer Rippenschere, mit welcher die Rippe zuerst ganz nahe am Processus transversus und ein zweites Mal weit lateral durchtrennt wird. Ob man ein kleineres oder größeres Stück der Rippe entfernen soll, hängt von der Lage der Kaverne ab, deren Zusammensinken man erreichen will. Je weiter vorne diese gelegen ist, desto länger muß das entfernte Stück sein, um ein entsprechendes Einsinken der Lunge zu erreichen.

Das Bestreben der Chirurgen geht dahin, so viel von den Wänden zu entfernen als irgend möglich; dabei kommt es sehr darauf an, daß keine Buchten bestehen bleiben, in welche sich die Lunge später wieder ausdehnen kann. Eine besonders wichtige Stelle in dieser Hinsicht ist der Winkel zwischen Wirbelsäule und den medialen Anteilen der Rippen. Diese werden daher entweder ganz herausgenommen oder doch möglichst weit nach medial hin entfernt. Ob man diesen Akt der Operation gleich an die übrige Resektion der betreffenden Rippe anschließen soll oder erst dann die medialen Teile der Rippe entfernen soll, wenn auch die erste Rippe exstirpiert ist, darüber geht die Praxis der Chirurgen auseinander. SEMB gibt an, daß er gleich nach Entfernung des lateralen Teiles der Rippe auch den medialen Rest herausnimmt, während andere wie z. B. WALZEL zuerst an allen Rippen die lateralen Teile entfernen und dann erst an die Exstirpation der medialen Reste schreiten. Vom topographischen Standpunkte aus scheint mir der letztere Vorgang der bessere zu sein, da man ja vor Entfernung auch dieser Rippenstücke die Pleura an ihrer Innenseite ablösen muß, was leichter und schonender möglich ist, wenn man nicht nur von lateral nach medial an der Innenseite der Rippen vordringen kann, sondern auch gleichzeitig einen freien Zugang von oben hat.

Um die Beschreibung der Topographie der Rippen aber einheitlich zu gestalten, schließe ich hier gleich die Darstellung der Entfernung der medialen Rippenreste an, folge also dem Arbeitsvorgang von SEMB.

Folgt man dem medialen Rippenstumpf gegen die Wirbelsäule, dann findet man leicht die Stelle, an welcher sich das Costo-transversalgelenk befindet, da hier die Spitze des Processus transversus dorsal über die Rippe vorspringt (Abb. 16—18). Der Gelenkspalt läßt sich von hinten her eröffnen, indem man das Lig. tuberculi costae, welches die Kapsel verstärkt, durchtrennt. Die ziemlich geradlinige Gelenkspalte steht nicht rein quer, sondern verläuft schief nach vorne und medial. Auch wenn das Gelenk vollkommen eröffnet ist, läßt sich der Rippenstumpf noch nicht bewegen, da der Rippenhals durch das Lig. colli costae an die vordere Seite des Processus transversus fixiert wird. Dieses Ligament füllt den Spaltraum zwischen Rippenhals und Processus transversus fast vollkommen aus und läßt nur medial eine Lücke frei, welche vom Lig. colli costae, dem Rippenhals und dem Querfortsatz begrenzt wird und dem Foramen transversarium der Halswirbel entspricht. Diese Öffnungen sind von Bedeutung, da sie Venen enthalten, die Anastomosen zwischen den aus den Foramina intervertebralia austretenden Wirbelvenen bilden. Eine weitere Befestigung erfährt die Rippe durch das Lig. costo-transversarium, welches teilweise vom nächst höheren Processus transversus, teilweise von dem dazugehörenden Wirbelbogen kommt und schief nach lateral und unten ziehend an den Rippenhals gelangt, wo es nahe dem Tuberculum costae inseriert.

Die Bandmasse, an welcher die systematische Anatomie verschiedene Teile unterscheidet, erreicht den Wirbelkörper selbst nicht, sondern läßt gegen diesen eine Lücke frei, in welcher die Teilung des Spinalnerven in seinen vorderen und hinteren Ast stattfindet. Der vordere Ast des Spinalnerven läuft dann weiter an der Vorderfläche des Bandes vorbei, der dorsale Ast hinter ihm. Um die Nerven ebenso wie die sie begleitenden Gefäße zu schonen, ist es notwendig, das Lig. costo-transversarium ganz nahe am Rippenhals zu durchtrennen. Nach Lösung all dieser Verbindungen läßt sich der mediale Rippenstumpf etwas nach vorne bewegen und so vom Processus transversus entfernen. SEMB durchtrennt ihn nun und beläßt das Köpfchen der Rippe in situ, wie seine Abb. 11 c zeigt. In der Beschreibung sagt er allerdings: Die Exartikulation im Costo-vertebralgelenk

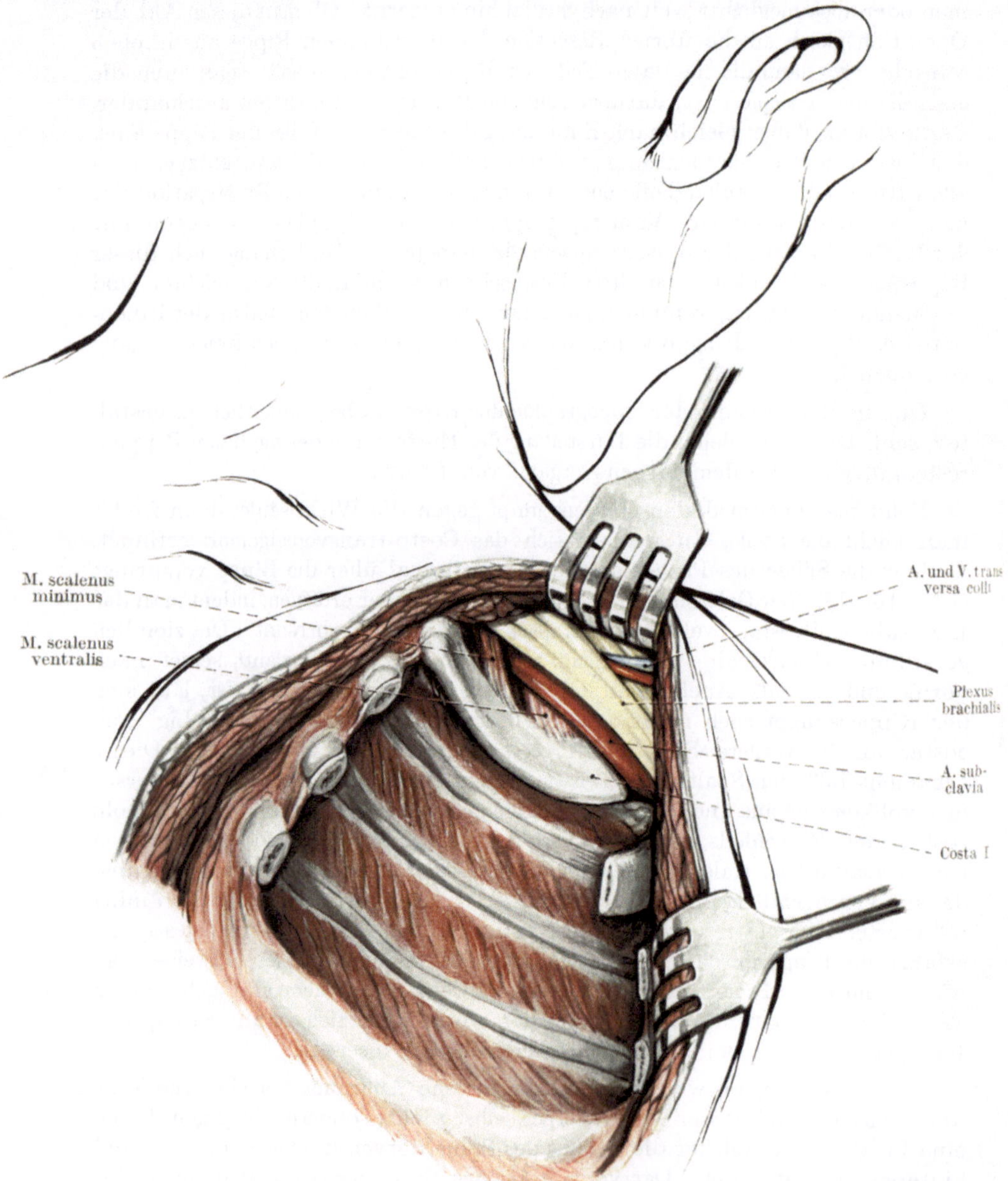

Abb. 18. Exstirpation der ersten Rippe von dorsal. Operationsbild III. Die Topographie an der kranialen Seite der ersten Rippe. (Ansicht von dorsal und oben.)

wird mit einem meißelförmigen Messer ausgeführt. Auf Grund der Abbildung scheint er aber mit dem Ausdruck Costo-vertebralgelenk nur das Costo-transversalgelenk zu meinen. Soll die Rippe ganz entfernt werden, dann ist auch noch das Gelenk zwischen Rippenköpfchen und Wirbelkörper zu eröffnen. Da der Gelenkspalt schief steht, ist ein Eindringen in den Spalt mit einem geraden Messer unmöglich. An der ersten Rippe ist die Gelenkhöhle ungeteilt, von der zweiten Rippe angefangen zerfällt sie durch das Lig. capituli costae interarticulare in ein oberes und ein unteres Gelenk. Die Gelenkkapsel ist an ihrer Vorderseite durch das Lig. capituli costae radiatum verstärkt. Beide Bänder müssen scharf durchtrennt werden, ehe sich die Rippe exartikulieren läßt. Aus dieser Beschreibung ist auch verständlich, daß ein Ausdrehen des medialen Rippenstumpfes, wie es von manchen Chirurgen, wie z. B. WINTER, ausgeführt wurde, nur mit Gewalt möglich ist und dadurch die Wahrscheinlichkeit nicht gewollter Zerreißungen sehr groß sein muß. Anatomisch ist zu fordern, daß eine Auslösung des Rippenköpfchens nur scharf durchgeführt werden darf. Der Zugang zum Gelenk des Köpfchens wird erleichtert, wenn man vorher den Processus transversus entfernt, wie es PROUST 1932 vorschlägt.

Weiterer Grund zur Vorsicht bei der Entfernung des medialen Rippenrestes ist auch die Topographie an der Vorderseite des Halses und Köpfchens der Rippe. An beiden ist die Pleura nur durch wenig Bindegewebe der Fascia endothoracica fixiert.

Vor allem ist bei Manipulationen am Rippenköpfchen der Sympathicus gefährdet, denn er kreuzt die Rippenköpfchen. Seine Ganglien liegen aber nicht absolut regelmäßig, sondern finden sich teils vor den Rippenköpfchen, teilweise zwischen diesen. EDWARDS erwähnt Kollapserscheinungen bei Manipulationen am Köpfchen der zweiten Rippe, die vom Sympathicus ausgingen.

Auch die Intercostalgefäße sind bei der Köpfchenentfernung zu beachten. Sie verhalten sich links und rechts verschieden (Abb. 5, 6). Links steigen die Arterien für die oberen Intercostalräume schief aufwärts. Ähnlich ziehen die Venen. Eine ganz genaue Angabe der Beziehung zum Köpfchen läßt sich aber nicht geben, da die Arterien etwas im Verlaufe variieren und auch gemeinsame Stämme haben können. Auf jeden Fall ist immer damit zu rechnen, daß man vor dem Rippenköpfchen oder dem Gelenkspalt ein Gefäß antrifft. Auf Abb. 5 ist ein gemeinsamer Stamm für die zweite und dritte Intercostalarterie zu sehen, erstere quert den Gelenkspalt. Die Venen liegen zwar zwischen den Köpfchen, kommen den Gelenken aber doch sehr nahe. Die Spinalnerven treten mit den Rippenköpfchen nicht in direkte Beziehung.

Das Verhalten der ersten Rippe ist auch bezüglich ihres medialen Anteiles anders als das der folgenden und wird im Anschluß an die nun folgende Darstellung der Exstirpation der ersten Rippe zu behandeln sein.

Freilegung und Exstirpation der ersten Rippe. Nachdem mindestens die zweite und dritte Rippe entfernt sind, kann an die Freilegung der ersten Rippe geschritten werden. Diese ist bisher noch nicht sichtbar, da sie vom M. erector trunci und den an ihn anschließenden M. scalenus dorsalis bedeckt wird (Abb. 16). Der M. scalenus dorsalis hat mit Entfernung der zweiten Rippe seinen Ansatz verloren und endet nach caudal frei. An dem Präparat der Abb. 19 wurde die zweite Rippe weiter medial durchtrennt, als dies bei der Operation im allgemeinen geschieht, um den Ansatz des M. scalenus dorsalis fürs erste noch zu erhalten. Schon vor Entfernung der zweiten Rippe und noch besser nachher ist die erste

Rippe durch die Muskulatur hindurch tastbar. Sie zeichnet sich dadurch aus, daß sie nicht in der Fortsetzung der caudalen Rippen gelegen ist, sondern einen kleineren Radius besitzt, so daß sie sich nicht nur über, sondern auch innerhalb der zweiten Rippe befindet. Dazu kommt noch, daß sie im Gegensatz zu den unteren Rippen nicht eine Fläche, sondern eine Kante nach dorsal wendet. Man tastet daher durch die Muskulatur hindurch den ziemlich scharfen Rand der Rippe und kann sie an diesem sicher agnoszieren. Mit dem Raspartorium wird zuerst dieser Rand, dann die untere Fläche der Rippe freigelegt. Dies ist nicht schwer, da sich das Periost leicht von der Rippe ablösen läßt. Nach dieser Manipulation sinkt die Pleura auch hier ein, so daß die untere Fläche der Rippe deutlich sichtbar ist (Abb. 17). Am Innenrand der Rippe haftet die Pleura aber noch fest. Nun wird auch die obere Fläche der Rippe freigelegt (Abb. 18), indem man hier die Muskulatur mit dem Raspartorium abschiebt, so daß zuerst der Rippenhals von oben her bloßliegt. Dieser wird auch an seiner vorderen Fläche gereinigt. Dadurch wird es möglich, die eine Branche der Rippenschere um den Hals herumzuführen, wobei man genau darauf achten muß, wirklich dicht am Knochen vorzugehen, um nicht Pleura oder eines der wichtigen an der vorderen Seite des Rippenhalses gelegenen Gebilde mitzufassen. Die Rippe wird durchtrennt und läßt sich nun mit einer Zange fassen und infolge ihrer Elastizität etwas nach unten und hinten ziehen. Der Zug darf selbstverständlich nicht so stark sein, daß die Rippe bricht (Abb. 19).

Nun ist auch die obere Fläche des Rippenkörpers freizulegen. Dieser Akt ist weitaus der schwierigste der ganzen Operation. Man löst den M. scalenus medius an seinem Ansatz am Knochen ab und hält ihn mit einem Wundhaken nach aufwärts. Wenn man nun allmählich auf der Oberseite der Rippe nach vorne hin weiter arbeitet, liegt über der ersten Rippe zuerst der Plexus brachialis, dann die A. subclavia, deren Puls man deutlich sieht. Weder Arterie noch Plexus werden bei der Operation aus dem sie umgebenden Bindegewebe ausgeschält, wurden aber zur Erläuterung ihrer Lage an dem Präparat der Abb. 19 freigelegt.

Zwischen Arterie und Plexus kann ein Muskelansatz Widerstand leisten oder es kann sich hier ein stärkeres Band an die Rippe ansetzen (Abb. 18). Beide Gebilde lassen sich aber mit dem Raspartorium von der Rippe ablösen. Ventral von der Arterie folgt der gefährlichste Augenblick, die Ablösung des M. scalenus ventralis, vor welchem die V. subclavia die Rippe kreuzt. Die Ansatzstelle des Muskels, das Tuberculum scaleni ist manchmal stark, manchmal kaum angedeutet. Es kann auch am medialen Rande der Rippe als Sporn vorspringen. Die Ablösung dieses Muskels nimmt Semb mit einem Messerchen vor, andere Chirurgen bevorzugen auch hier das Raspartorium. Es scheint mir aber die Verwendung des Messers besser zu sein, da das Raspartorium bei einem höckerigen Tuberculum leicht ausgleiten kann, was auf alle Fälle zu vermeiden ist. Man schneidet daher am besten mit ganz kleinen Schnitten eine Partie des Muskels nach der anderen ganz am Knochenansatz durch. Sobald der Muskel durchtrennt ist, liegt die Vene im Operationsfeld. Unter ihr hinweg erreicht man sofort das vordere Ende des Rippenknochens, indem man von seiner Oberfläche, jetzt wieder mit dem Raspartorium, die geringe Menge von Bindegewebe, welches die Vene von der Rippe trennt, abschiebt. Bei dieser Arbeit, sowohl von oben als auch von unten her, muß man trachten, daß auch der Innenrand der Rippe wirklich überall freigelegt ist und die Pleura nicht am Ende an einer Stelle noch haftet. So wird schließlich die ganze Rippe frei und man sieht den Knorpel. Mit der SAUERBRUCHschen Schere wird der Knorpel oder das Ende der Rippe durchtrennt, was im allgemeinen keine Schwierigkeiten macht, auch wenn der

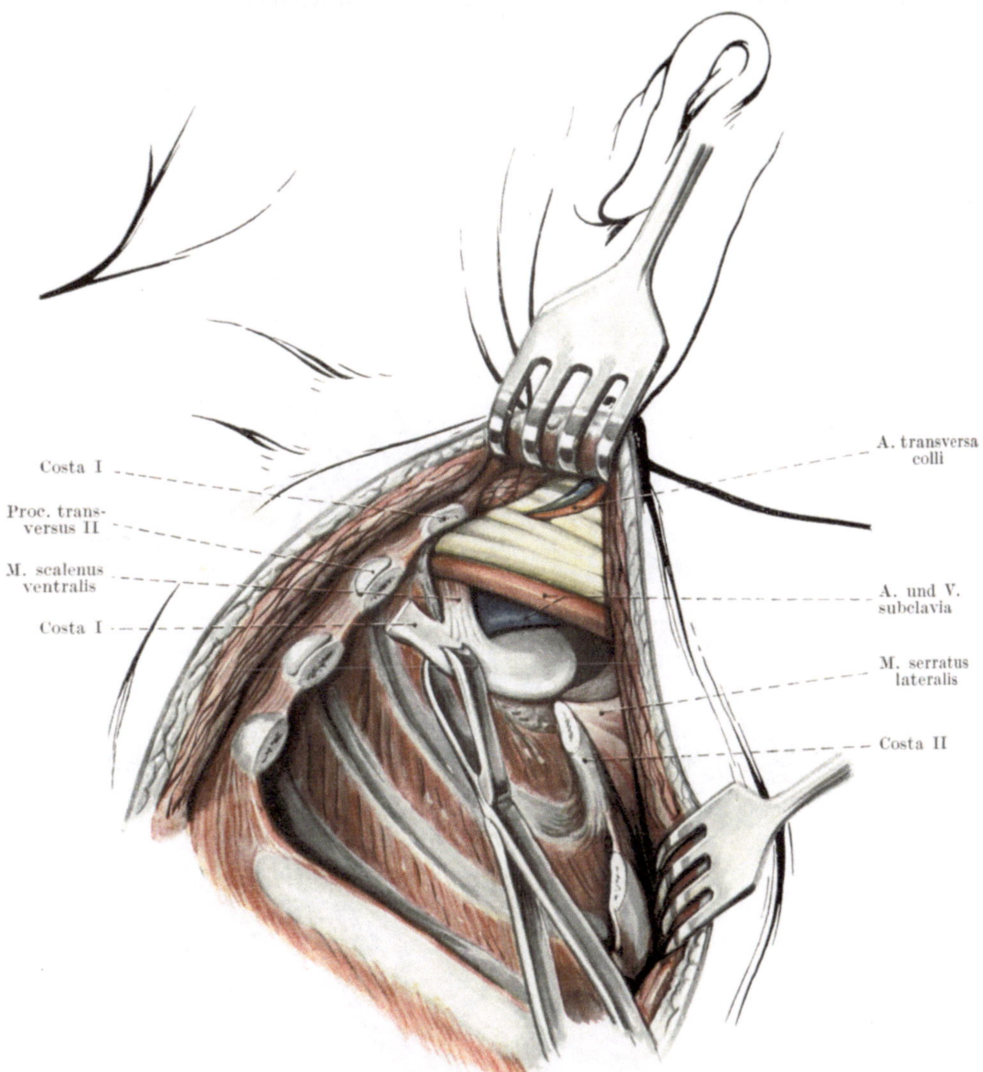

Abb. 19. Exstirpation der ersten Rippe von dorsal. Operationsbild IV. Die erste Rippe ist durchtrennt und nach unten und hinten verzogen.

Knorpel verknöchert ist. Allenfalls verbleibende Stümpfe können mit der Hohlmeißelzange von SAUERBRUCH abgetragen werden. Zu warnen ist davor, die Rippe auszudrehen oder den Versuch zu machen, sie am Knorpel abzubrechen, da bei einer solchen Manipulation leicht ein spitzer Bruch entsteht, der die Vene gefährdet und selbstverständlich nachträglich entfernt werden muß (Abb. 20).

Bei der Darstellung der Topographie dieses Aktes der Operation ist folgendes zu beachten: Die Beziehung der ersten Rippe zu ihrem Wirbel; die Beziehung der Rippe zu den Nerven und Gefäßen, welche sie kreuzen; die Beziehungen der Rippe zum Fixationsapparat der Pleurakuppel; die Beziehungen der Pleurakuppel selbst zu den ihr benachbarten Gefäßen und Nerven.

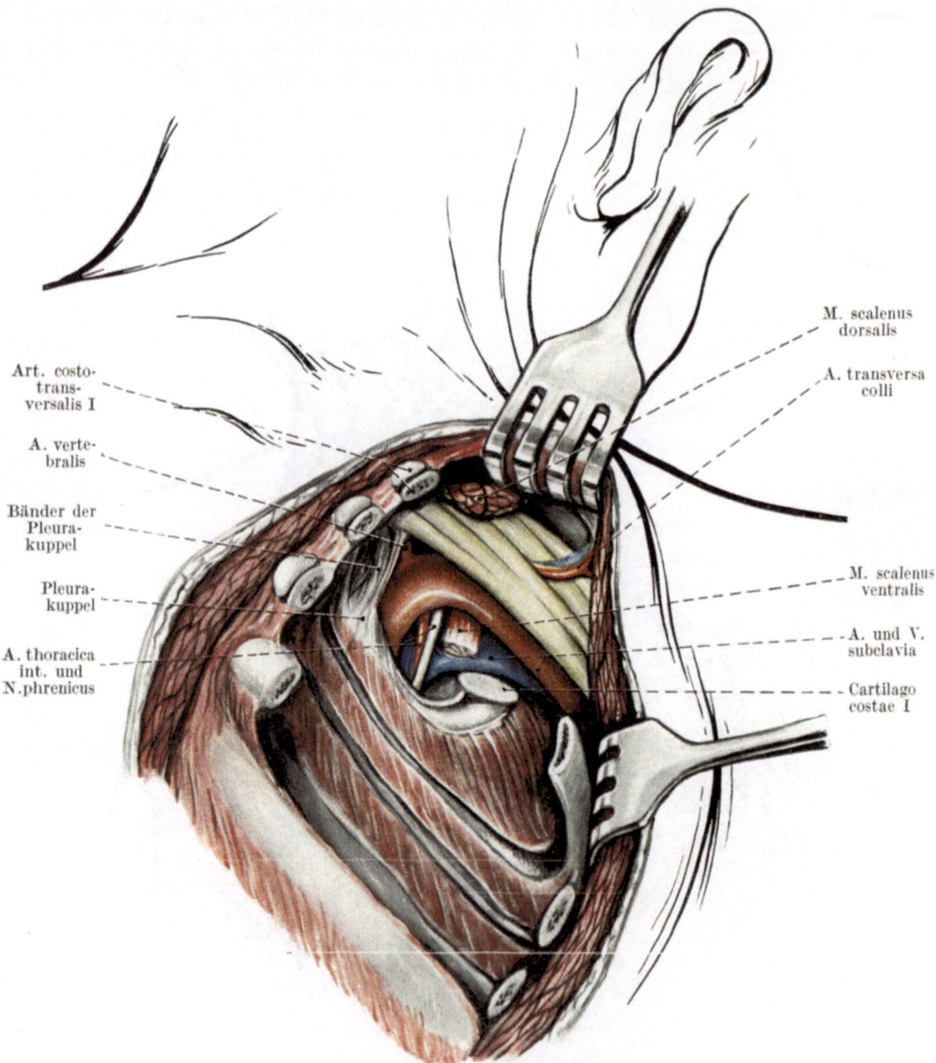

Abb. 20. Exstirpation der ersten Rippe von dorsal. Operationsbild V. Die erste Rippe ist im Knorpel durchtrennt und entfernt. Topographie der Gefäße und Bänder über der Pleurakuppel.

Die Topik der ersten Rippe läßt sich am besten in einzelnen Abschnitten darstellen, und zwar: 1. Rippenhals und Rippenköpfchen. 2. Der mittlere Abschnitt bis zum Tuberculum scaleni. 3. Der vordere Teil der Rippe.

Die Topik des Rippenhalses und des Köpfchens. An der ersten Rippe fällt der Angulus mit dem Tuberculum zusammen. Die Artikulation am Processus transversus erfolgt so, daß die Rippe sich etwas von vorne und lateral an den Processus anlegt. Der Gelenkspalt steht daher nicht frontal, sondern verläuft so wie die Spalten an den folgenden Rippen schief von hinten lateral nach vorne medial. Die Bänder, welche Hals und Köpfchen der Rippe fixieren, verhalten sich genau so, wie dies für die unteren Rippen schon beschrieben wurde. Die Artikulation des Köpfchens erfolgt nur am ersten Brustwirbel, daher ist das Gelenk nicht durch ein Lig. interarticulare geteilt. Der Gelenkspalt der Art. capituli costae, der einheitlich ist, verläuft fast rein vertikal.

Von besonderer Wichtigkeit sind die ventral vom Rippenhals und Köpfchen gelegenen Gebilde, nämlich die Äste des Plexus brachialis, der N. cervicalis VIII und Thoracalis I, das Ganglion stellare und die Gefäße. Der N. cervicalis VIII folgt dem oberen Rande des Halses der ersten Rippe nach lateral und vorne und kommt so auf die obere Fläche der ersten Rippe dort zu liegen, wo sie nach vorne umbiegt. Hier vereinigt er sich mit dem ersten Thorakalnerven. Dieser ist aus dem Foramen intervertebrale am ersten Brustwirbel ausgetreten, legt sich zuerst von unten und ventral an das Collum der Rippe an und steigt allmählich so auf, daß er am lateralen Ende des Collum auf die obere Fläche der Rippe gelangt (S. 72). Der mediale Rand der Rippe hat an dieser Stelle eine kleine Einziehung. So liegt der oberen Fläche des mittleren Teiles der ersten Rippe ein besonders starker Teil des Plexus brachialis dicht auf; die anderen aus dem kranialen Teil des Plexus hervorgegangenen Faszikel berühren die Rippe nicht, sind daher auch weniger gefährdet. Mit dem Thoracalis I verbindet sich meist noch ein dünner Zweig, welcher aus dem Throcalis II stammt. Dieser Verbindungsast läuft vor dem Hals der zweiten Rippe nach aufwärts und schließt sich dem Thoracalis I schon dort an, wo dieser am Collum der ersten Rippe vorbeizieht (Abb. 6). Von den Spinalnerven gehen Verbindungen zum Sympathicus, dessen Ganglien verschiedenes Verhalten zeigen können. Das unterste Halsganglion, Ganglion cervicale inferius, liegt vor dem Gelenk des Köpfchens der ersten Rippe. Das erste Brustganglion schließt sich meistens, das zweite manchmal direkt an seinen oberen Nachbarn an, so daß ein größerer Komplex von Ganglien entsteht, der den Namen Ganglion stellare führt (Abb. 15).

Die Arterien, welche mit dem medialen Anteil der ersten Rippe in enge Beziehung treten, sind die Äste des Truncus costo-cervicalis und die A. vertebralis. Ersterer steigt aus der A. subclavia im Bogen auf und erreicht lateral vom Sympathicus, den er an dessen Ventralseite gekreuzt hat, den Hals der ersten Rippe. Hier teilt er sich: Der eine Ast, die A. cervicalis profunda zieht über den Hals der ersten Rippe nach oben und dorsal, verschwindet also zwischen dem Collum der ersten Rippe und dem darüber liegenden Processus transversus des siebenten Halswirbels (Abb. 8). Der zweite Ast, die A. intercostalis suprema liegt vor dem N. thoracalis I und biegt nach abwärts in den ersten Intercostalraum ab unbezeichnet. Oft entläßt sie einen Zweig, welcher auch die zweite Rippe kreuzt und die A. intercostalis II bildet, wie dies an dem Präparat der Abb. 6 der Fall war. Auf dieser Abbildung hat die A. intercostalis suprema keinen gemeinsamen Stamm mit der A. cervicalis profunda. Bei einer sehr steil gestellten oberen Thoraxapertur kann der Truncus costo-cervicalis recht lang werden (Abb. 8).

Das zweite Gefäß, die A. vertebralis verhält sich rechts und links nicht ganz gleich. Rechts geht sie aus dem Bogen der A. subclavia an dessen höchster

Stelle ab, links entspringt sie dort, wo die A. subclavia aus ihrer aufsteigenden Richtung in die Horizontale umzubiegen beginnt. Da die A. subclavia links selbst tiefer liegt als rechts, erscheint auch die A. vertebralis links von vornherein tiefer als rechts, näher der tiefen Halsmuskulatur. Dort legt sie sich in ihrem Verlaufe nach cranial zwischen den M. scalenus ventralis und den M. longus colli und kreuzt dabei das Köpfchen der ersten Rippe, dem sie links näherkommt als rechts. Links liegt sie so nahe, daß es möglich erscheint, sie beim Auslösen des medialen Stumpfes der ersten Rippe zu verletzen.

Bezüglich der Topographie des Köpfchens der ersten Rippe ist allgemein zu sagen, daß in der Nähe dieses Köpfchens nicht nur der Sympathicus, sondern auch verschiedene arterielle Gefäße zu erwarten sind.

Im mittleren Teil der ersten Rippe, der bis zum Ansatz des M. scalenus ventralis zu rechnen ist, kreuzt der oben schon erwähnte unterste Teil des Plexus brachialis die obere Rippenfläche; dann folgt die A. subclavia, die nur durch wenig lockeres Bindegewebe von der Rippenfläche getrennt ist. Da zwischen Arterie und Plexus der M. scalenus minimus (Abb. 18) oder an seiner Stelle ein Bandapparat den medialen Rand der Rippe erreicht und hier ansetzt, kann man an dieser Stelle auf einen Widerstand stoßen, der das Auslösen der Rippe erschwert. Eine Verwechslung mit dem M. scalenus ventralis wird man vermeiden, wenn man bedenkt, daß dieser erst erreicht wird, nachdem man bei der Auslösung der Rippe die Arterie passiert hat. In seltenen Fällen allerdings (Abb. 8) liegt die Arterie vor dem M. scalenus ventralis in der vorderen Scalenuslücke. Morphologisch handelt es sich hier wohl nicht um eine Verlagerung der Arterie, sondern um eine besonders starke Ausbildung des M. scalenus minimus bei Fehlen des Ventralis.

Bei Ablösung des Ansatzes des M. scalenus ventralis ist noch eine Arterienvarietät in Betracht zu ziehen, wie sie in Abb. 9 zu sehen ist. Der Truncus thyreo-cervicalis entspringt aus der A. subclavia erst, nachdem diese die hintere Scalenuslücke passiert hat.

Die A. thyreoidea caudalis steigt durch die vordere Scalenuslücke von lateral nach medial zur Glandula thyreoidea auf. Die Gefahr einer Arterienverletzung ist hier bedeutend erhöht, da der Muskel an drei Seiten von Gefäßen umgeben ist. Hinten liegt die A. subclavia, lateral der Abgang des Truncus aus der Subclavia, vorne die A. thyreoidea caudalis und die V. subclavia; nur die mediale Seite ist gefäßfrei, hier aber befindet sich die Pleura.

Der dritte, vorderste Abschnitt der Oberfläche der ersten Rippe bietet zwar die einfachsten topographischen Verhältnisse, da nur die V. subclavia die Rippe traversiert, er ist aber chirurgisch der gefährlichste, denn nur wenig Bindegewebe trennt die Vene vom Knochen. Die Vene schließt eng an den M. scalenus ventralis an; es besteht daher im Moment, in welchem man bei der Ablösung des Muskels an sein vorderes Ende kommt, die Gefahr, die Vene zu verletzen. Dies kann besonders dann leicht eintreten, wenn man zur Ablösung des Muskels ein Raspartorium verwendet und mit diesem den Ansatz des Muskels allmählich vom Knochen abtrennt. Es ist daher die Methode von Semb sicher vorzuziehen, welcher mit einem kleinen Messer die Durchtrennung des Muskels vornimmt. Zu beachten ist hier auch, daß die Vene, gerade ehe sie in die Scalenuslücke eintritt, mit der Umgebung verwachsen ist, also nicht kollabieren kann. Es herrscht daher die eminente Gefahr der Luftembolie.

Während der Freilegung der oberen Fläche der ersten Rippe wird die Rippe mit einer Zange möglichst nach unten hinten verlagert (Abb. 19); daher ziehen der Plexus und die Arterie, welche durch das sie umgebende Bindegewebe fixiert bleiben, hoch über die Rippe hinweg, die Vene, welche dem vorderen Ende der Rippe anliegt, das durch das Abziehen natürlich am wenigsten betroffen wird, bleibt dabei immer noch ganz in der Nähe der Rippenoberfläche, ist daher nicht nur ihrer dünnen Wand wegen, sondern auch wegen des topographischen Verhaltens am meisten gefährdet. Man darf auch nicht vergessen, daß die Rippe durch den Zug nach hinten unten unter starker Spannung steht. Zieht man zu stark, so daß die Rippe bricht oder trachtet man gar, sie durch Ausdrehen am Knorpel absichtlich abzubrechen, statt den Knorpel scharf zu durchtrennen, dann federt das meist spießförmige vordere Bruchende zurück und kann sehr leicht eine Verletzung der Vene herbeiführen.

Für eine Entfernung des medialen Stumpfes der ersten Rippe gelten dieselben Bemerkungen, wie sie bezüglich der übrigen Rippen auf S. 69 gemacht wurden. Außerdem ist aber noch auf die an der Vorderseite des Rippenköpfchens sowie des Collum gelegenen Gebilde hinzuweisen, deren Lage aus der Beschreibung auf S. 75 erhellt. Die Gefahren müssen daher bei der ersten Rippe noch größer sein als bei den übrigen, wobei besonders noch einmal auf die nahe Beziehung hingewiesen werden soll, welche auf beiden Seiten durch den Sympathicus und auf der linken Seite durch die Nähe der A. vertebralis bedingt sind.

Nach Entfernung der ersten Rippe ist die Pleura so weit ihres Haltes beraubt, als sie ihn von der Rippe erhielt; sie sinkt daher von hinten und lateral gegen medial hin ein.

Das Bestreben der Chirurgen geht aber dahin, die Pleurakuppel zu möglichst weitgehendem Einsinken zu veranlassen. Um dies zu erreichen, ist es notwendig, die Lösung der Pleura aus ihrer Umgebung auch auf der medialen Seite vorzunehmen. So fordert z. B. Overholt, der nach der Sembschen Methode operiert, daß die Lösung der Pleura medial bis in die Höhe der vierten Rippe erfolgen soll; er läßt also die Pleurakuppel bis in diese Höhe herabsinken, indem er sie aus ihrer Umgebung freilegt. Im folgenden sind daher jene Gebilde in ihrer Lage darzustellen, welche der Pleurakuppel von vorne, medial und hinten anliegen. Die stumpfe Auslösung erfolgt dabei in dem lockeren subpleuralen Gewebe, welches als Fascia endothoracica die Pleura mit ihrer Unterlage verbindet, wie dies in dem Kapitel über die Fascia endothoracica ausgeführt wurde. Dieses Gewebe ist hier an der Kuppel ebensowenig selbständig und nach allen Seiten scharf abgrenzbar wie an anderen Stellen des Thorax, sondern setzt sich direkt in das umgebende Bindegewebe fort.

Die Fascia endothoracica hat nach außen nur dort eine feste Begrenzung, wo sie an eine Unterlage anderer Art, z. B. Muskulatur oder Knochen angrenzt. Die Ablösung erfolgt derart, daß bei normaler Pleura ein wenig Bindegewebe der Fascia endothoracica auf der Pleura verbleibt; Semb bezeichnet diesen Vorgang als extrafasciale Apikolyse.

Es ist also ein Teil der Fascia endothoracica auf der Pleura haften geblieben, der andere befindet sich in Zusammenhang mit dem umgebenden Bindegewebe. Die Ablösung ist eigentlich im Bereich der Fascia endothoracica erfolgt. Die der Pleura anliegenden Gebilde sind nach der Ablösung sichtbar und schimmern durch das zarte Gewebe hindurch. Ist das subpleurale Gewebe durch einen peripleuritischen Prozeß zu einer derberen Schichte verwandelt, dann gelingt die Auslösung am leichtesten in jener Schichte lockeren Gewebes, welches diese derbe Schichte immer an ihrer Außenseite bedeckt, also *extrafascial*. In solchen Fällen findet man auch die Verbindungen mit dem M. scalenus ventralis und minimus, sowie die sog. Bänder der Pleurakuppel oft verstärkt, so daß die Kuppel erst einsinkt, wenn sie durchtrennt sind.

Die Auslösung der Pleura selbst aus der derben peripleuritischen Schichte dagegen, die sog. *extrapleurale* Apikolyse ist mit großer Gefahr verbunden, weil die Pleura sehr leicht einreißt und ist daher unbedingt zu unterlassen.

Die Beziehungen des vorderen und medialen Umfanges der Pleura zu den umgebenden Gebilden. Geht man bei der stumpfen Ablösung (z. B. mit einem Tupfer oder dem Finger) von dem vorderen Stumpf der ersten Rippe aus nach medial weiter vor, dann findet man an der medialen Seite des Stumpfes des M. scalenus ventralis den N. phrenicus und die aus der A. subclavia entspringende A. thoracica interna, welche die V. subclavia an deren dorsaler Seite kreuzen. Unter Umständen kann man hier auch auf einen Nebenphrenicus stoßen. Die A. und V. subclavia selbst ziehen ebenfalls über die Kuppel hinweg und sind nur durch ganz wenig Bindegewebe von der Pleura getrennt. Links liegt die A. subclavia in ihrem steil aufsteigenden Stück am nächsten zur Pleura. Hinter ihr zieht der Oesophagus nach abwärts und dicht der Wirbelsäule anliegend der Ductus thoracicus. Beide Gebilde sind aber so tief in das mediastinale Bindegewebe eingebettet, daß sie operativ nicht zur Ansicht kommen. In Abb. 6 ist das Bindegewebe entfernt, so daß ihre Beziehungen zur Arterie sichtbar werden.

Rechts geht die A. subclavia im Bogen aus der A. brachiocephalica hervor (Abb. 5); die A. carotis wird nicht sichtbar. Vor der A. brachiocephalica liegt die V. brachiocephalica dextra, welche bei sehr weitgehender Ablösung der Pleura noch erreicht wird.

Im hinteren Abschnitt der Pleurakuppel, dort wo sie gegen die Wirbelsäule und den Rippenhals hin abbiegt, ist die Ablösung schwieriger durchzuführen als vorne und medial. Hier finden sich die im systematischen Teil ausführlich beschriebenen Bänder, die sich bei peripleuritischen Prozessen außerordentlich verdicken können und dann auch Gefäße führen, welche vor der Durchtrennung der Bänder unterbunden werden müssen. Abb. 20 zeigt, wie die Pleura, nachdem sie von den Gefäßen abgelöst wurde, gerade in ihrem dorsalen Teil noch durch die bindegewebigen Stränge nach oben hin fixiert wird und daher nicht ganz zusammenfallen kann.

Die Abbildung zeigt auch deutlich wie notwendig es ist, diese Bänder zu durchtrennen, wenn man ein Einsinken der Pleura auch von oben her erreichen will. Ist die Pleura normal, dann sind die Bänder immer so zart, daß sie durchrissen werden können, ja oft merkt man bei der Operation von ihrem Vorhandensein gar nichts. Sobald sich aber in dieser Gegend dem ablösenden Finger oder Tupfer ein auch nur geringer Widerstand bietet, soll man diese Stränge nicht zu durchreißen trachten, sondern sie scharf durchtrennen, da sie beim stumpfen Lösen leicht aus der Pleura, in die sie einstrahlen, ausreißen, was zu einer Eröffnung des Cavum pleurae führt.

Jener Teil der Kuppel, welcher sich schon an die Wirbelsäule anlegt, steht zwar nicht in Beziehung zu großen Gefäßen, es ist aber daran zu erinnern, daß hier die Intercostalgefäße und der N. sympathicus sowie die Intercostalnerven verlaufen (s. auch S. 31 und 46). Über die Lage der Gefäße lassen sich keine ganz genauen Angaben machen, da sie im Verlauf stark variieren, doch ist damit zu rechnen, daß man an den Rippenköpfchen immer auf ziemlich fest fixierte Venen stoßen kann.

Der N. thoracalis I steigt an der Vorderseite des Halses der ersten Rippe auf und ist nur durch wenig Bindegewebe der Fascia endothoracica von der Pleurakuppel getrennt. Vor ihm liegt das Ganglion stellare in verschiedener Ausbildung. Abb. 15 zeigt, wie es sich zwischen einzelnen stärkeren Zügen der Fascia endothoracica, die in die Kuppel einstrahlen, gegen den Hals hinauf fortsetzt (s. auch Abb. 14).

Der Truncus costo-cervicalis, der am hinteren Umfang der A. subclavia entspringt, wendet sich vor dem Ganglion stellare nach lateral und teilt sich vor dem N. thoracalis I. Die A. intercostalis suprema zieht vor der ersten Rippe nach abwärts und lateral in den ersten Intercostalraum; oft entläßt sie auch die zweite A. intercostalis. Während der Stamm des Truncus costo-cervicalis noch im Bindegewebe über und hinter dem Abhange der Kuppel gelegen ist und daher nicht gefährdet erscheint, kommt die A. intercostalis suprema der Pleura selbst schon sehr nahe. Auch die sie begleitende Vene ist zu beachten (Abb. 5, 6); sie ist manchmal recht groß und kann durch ihre Fixation an die Umgebung bei Verletzung die Ursache einer Luftembolie sein. Dies gilt auch für die von oben herab kommende V. cervicalis profunda, welche meist über dem Hals der ersten Rippe nach vorne zieht.

Wird die Pleura an der Wirbelsäule nach unten noch weiter abgelöst, dann sind die Intercostalvenen zu beachten, welche gegen die V. thoracica longitudinalis dextra[1] und sinistra[2] verlaufen (s. S. 35). Auch hier können bei der Ablösung stärkere Blutungen auftreten. Die Venen liegen manchmal in größeren Falten der Pleura parietalis. Eine derartige Falte kann z. B. die V. thoracica long. dextra einhüllen und so stark werden, daß sie einen kleinen Hohlraum begrenzt, in welchen ein abgetrennter Lungenlappen, als Lobus azygos bezeichnet, hineinragt. Der Recessus liegt der Wirbelsäule von rechts her an und öffnet sich nach unten. In der freien Falte, die ihn begrenzt, liegt die Vene. Erreicht man bei der Ablösung von oben her diesen Recessus, dann ist eine Verletzung der Pleura sehr leicht möglich.

2. Der Weg von vorne.

Technische Schwierigkeiten und topographisch wichtige Beziehungen finden sich vor allem an der ersten Rippe, dort wo zwischen dieser und der Clavicula die Arteria und Vena subclavia, weiter hinten der Plexus brachialis in das Gebiet des Trigonum deltoideo-pectorale eintreten. Die Rippen werden hier vom M. pectoralis major und weiter lateral auch vom minor gedeckt; beide Muskeln müssen daher entfernt werden, um die „vordere Brustwandentrippung" von Graf auszuführen. Soll nur an den medialen Enden der Rippen operiert werden, dann wird das Gebiet des M. pectoralis minor nicht berührt.

Zwei Autoren sind es, die vor allem diese Operation ausführen. Fruchaud und Graf. Fruchaud verwendet einen U-förmigen Hautschnitt, welcher in der Mitte der Clavicula beginnt, dem Schlüsselbein entlang nach medial bis zum

[1] V. azygos. — [2] V. hemiazygos.

Sternoclaviculargelenk verläuft und dann nach unten umbiegt. Er folgt dem lateralen Rande des Brustbeins je nach der Zahl der zu resezierenden Rippen verschieden weit nach abwärts, biegt schließlich nach lateral um und setzt sich entlang den unteren Rippen noch ein Stück weit fort.

Fruchaud durchtrennt nur Haut und Subcutangewebe auf einmal, durchsetzt aber den M. pectoralis major erst etwas unterhalb der Clavicula und lateral vom Sternalrand. Diese Methode verfolgt den Zweck, den M. pectoralis major nicht ganz an seinen Ursprung an der Clavicula und am Sternum zu durchtrennen, damit für die Naht ein besserer Halt geschaffen wird. Der durchtrennte Muskel wird nach lateral abpräpariert und so die Rippen freigelegt. Weit lateral erscheint unter dem M. pectoralis major der minor, der wie gesagt eventuell auch noch von seinen Ursprüngen abgetrennt werden muß, wenn auch eine Resektion der 3.—6. Rippe geplant ist.

Die angegebene Art der Schnittführung scheint anatomisch drei Nachteile zu haben, welche die Hautnarbe, das Verhalten des M. pectoralis major und die Hautsensibilität betreffen.

Der Schnitt auf der Clavicula gibt eine Narbe an einer Stelle, die besonders bei Frauen sehr störend empfunden wird. Die Durchtrennung des Muskels und der Haut erfolgt nicht in einem Zuge; außerdem bleibt am Ursprung des Pectoralis nur ein schmaler Streifen des Muskels bestehen, der für die Naht nicht besonders geeignet sein dürfte. Läßt man aber einen breiten Streifen stehen, dann muß dieser doch von der Rippe gelöst und zurückgeschlagen werden, womit der Wert des Hautschnittes wieder verloren geht. Die Hautsensibilität unterhalb der Clavicula wird unterbrochen, da die Nn. supraclaviculares mit dem Hautschnitt durchtrennt werden.

Es erscheint daher für die Plastik an den Rippen, wenn man überhaupt einen Zugang von vorne verwenden will, besser, den Schnitt von Graf zu verwenden. Der Schnitt, welcher Haut und M. pectoralis major in einem Zuge durchtrennt, beginnt am sternalen Ende der zweiten Rippe und folgt dieser in der Richtung auf das Akromion. Der Hautmuskellappen wird nach oben verzogen und so die Rippen freigelegt. Der Lappen läßt sich leicht so weit hinaufziehen, daß die erste Rippe frei wird. Die weiter caudal liegende Hautnarbe läßt sich leichter verdecken als jene auf der Clavicula. Der Muskel selbst wird ungefähr in der Richtung seiner Fasern durchtrennt und in seiner Innervation nicht wesentlich geschädigt, da die Hauptnerven den Fasern parallel verlaufen. Auch die Hautsensibilität wird viel weniger gestört, da die Nn. supraclaviculares intakt blieben. Es fallen nur die vorderen Äste der Intercostalnerven dort aus, wo die Rippen freigelegt werden.

Bei keiner der beiden Schnittführungen werden stärkere Blutgefäße angetroffen; es sind nur die zarten Äste der Intercostalgefäße zu unterbinden, welche perforierend von innen her in den M. pectoralis eintreten.

Staucht man die Schulter möglichst weit nach aufwärts, dann wird der Raum zwischen Clavicula und der ersten Rippe weit genug für ein tieferes Eindringen. Caudal von der Clavicula finden sich dann folgende topographische Verhältnisse: Das Bindegewebe an der Hinterseite des M. pectoralis major ist zu einer Fascie verstärkt, welche den Namen Fascia pectoralis profunda oder clavipectoralis trägt. Diese beginnt sehr fest an der Clavicula und hüllt hier den M. subclavius ein. Nach abwärts verdünnt sie sich allmählich und wird auf dem M. pectoralis minor ganz zart. Auf der Fascie gelegen kommt von lateral her die V. cephalica, die in sehr verschieden starker Ausbildung gefunden wird. Sie durchbohrt an verschiedenen Stellen die Fascie, um in die V. subclavia zu münden. Hinter der Clavicula liegt die V. suprascapularis (Abb. 21). Die

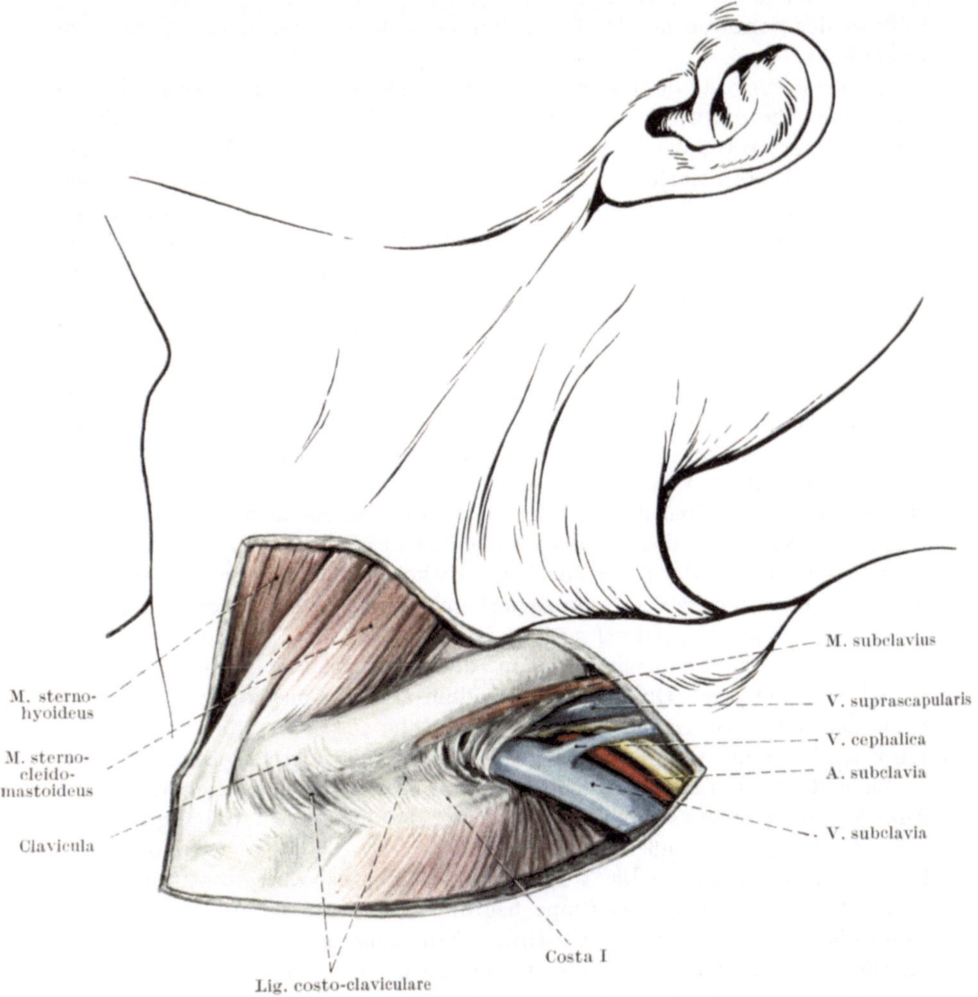

Abb. 21. Medialer Anteil des Trigonum deltoideo-pectorale.

Fascie pectoralis profunda ist deshalb von so besonderer Bedeutung, weil die V. subclavia an ihre Innenseite fixiert ist.

Nach medial steht die Fascie in direktem Zusammenhang mit dem Bindegewebsapparat, welcher die erste Rippe mit der Clavicula verbindet, dem Lig. costo-claviculare. Dieses steht weiter mit der Gelenkskapsel des Sternoclaviculargelenkes im Zusammenhang.

Über die erste Rippe verläuft ganz vorne die V. subclavia. Sie tritt durch die vordere Scalenuslücke hindurch; diese wird nach vorne vom M. sternocleidomastoideus, der am oberen Rande der Clavicula ansetzt, begrenzt, medial bildet das Lig. costo-claviculare, hinten der M. scalenus ventralis die Umrandung. Die Vene ist in der Öffnung und vor allem unterhalb der Clavicula an die Fascia pectoralis profunda fixiert und so am Kollabieren verhindert. Sie wird um so weiter offen gehalten, je weiter die Clavicula von der ersten Rippe entfernt ist, d. h. je weiter die Schulter nach oben verschoben wird. Also gerade durch die Haltung der Schulter bei der Operation entsteht eine besondere Gefahr für Luftembolie.

Bei der Freilegung der ersten Rippe gehen FRUCHAUD und GRAF nicht ganz gleich vor. FRUCHAUD sucht zuerst die V. subclavia auf. Zu diesem Zweck wird der untere Rand des M. subclavius an seinem Ursprunge an der ersten Rippe freigelegt und dann nach lateral verfolgt. Unter dem Muskel kommt die Vene zum Vorschein, sobald man die Fascia pectoralis profunda am caudalen Rande des Muskels spaltet. Die freigelegte Vene wird nach lateral verzogen und die erste Rippe an ihrer oberen Fläche gereinigt. Das Freilegen der Vene vor der Freilegung der ersten Rippe erscheint vom anatomischen Standpunkt aus nicht notwendig. Es ist sicher richtig, daß man während einer Operation jene Gebilde am besten schont, die man sieht. Im Falle der Operation an der ersten Rippe erscheint es aber nicht nur nicht notwendig, sondern sogar gefährlich, an der Vene zu operieren. Die Vene ist ja, wie schon erwähnt, von hinten an die Fascia angewachsen. Die Fascia muß man spalten, um die Vene zu sehen, so daß dieser Akt ganz besondere Vorsicht erheischt; außerdem scheint es aber überflüssig die Vene überhaupt freizulegen, denn man kann den caudalen Rand der ersten Rippe aufsuchen und das ganze Gewebe das oberhalb liegt, also Fascie und Vene zusammen von der Rippe abheben. Es kommt dann weder die Vene noch die Arterie oder der Plexus auspräpariert zu Gesicht. Daß ein Verziehen dieser Gebilde nach oben und lateral möglich ist, zeigt Abb. 22. An diesem Präparat wurde das Bindegewebe entfernt, um die Lage der drei Gebilde zu zeigen.

So vermeidet auch GRAF die Vene, indem er den Rippenknorpel der ersten Rippe neben dem Sternum aufsucht und von hier aus entlang der Rippe weiter arbeitet, also jenen Weg geht, der anatomisch als richtiger zu bezeichnen ist.

Im weiteren Vorgehen an der ersten Rippe unterscheiden sich die beiden Autoren nur in einem wesentlichen Punkte, FRUCHAUD legt die Rippe intraperiostal, GRAF aber außerhalb des Periostes frei. Bei GRAF wird daher das Periost mit exstirpiert. Die weitere Darstellung der Operation folgt GRAF.

Die Freilegung der ersten Rippe beginnt an deren unterem Rand, wo die Intercostalmuskulatur abgetrennt wird. Nun kann man mit einem Finger in die Öffnung eingehen und mit diesem die Pleura von der Rippe in größerem Umfange vorsichtig ablösen. Schwierig ist das Freilegen des oberen Rippenrandes. Hier entspringt an der Knochenknorpelgrenze der M. subclavius, der sehr fest haftet. Bei seiner Entfernung ist daher unbedingt ein Schutz für die Umgebung notwendig; dieser wird dadurch erreicht, daß man mit dem Zeigefinger der linken Hand unter die Rippe eingeht. GRAF trachtet dann mit dem Raspartorium von außen her den Ansatz des Muskels und das Lig. costo-claviculare von der Rippe abzulösen und kommt allmählich so weit in die Tiefe, daß die erste Rippe rings herum freiliegt. FRUCHAUD arbeitet mehr mit kleinen spitzen Messern, mit welchem er das Gewebe am oberen Rippenrand durchtrennt. Jedenfalls ist immer daran zu denken, daß die Vene die erste Rippe gleich lateral von der Knochenknorpelgrenze kreuzt. Sobald die Rippe an der Knochenknorpelgrenze ringsherum freiliegt, durchtrennt man sie nach GRAF im Bereiche des Knorpels. Dieser wird allenfalls sogar samt dem anschließenden Teil des Manubrium sterni weggenommen. Auch hierbei hat man vorsichtig vorzugehen und sich zu vergewissern, daß das Gewebe an der Innenseite des Sternum

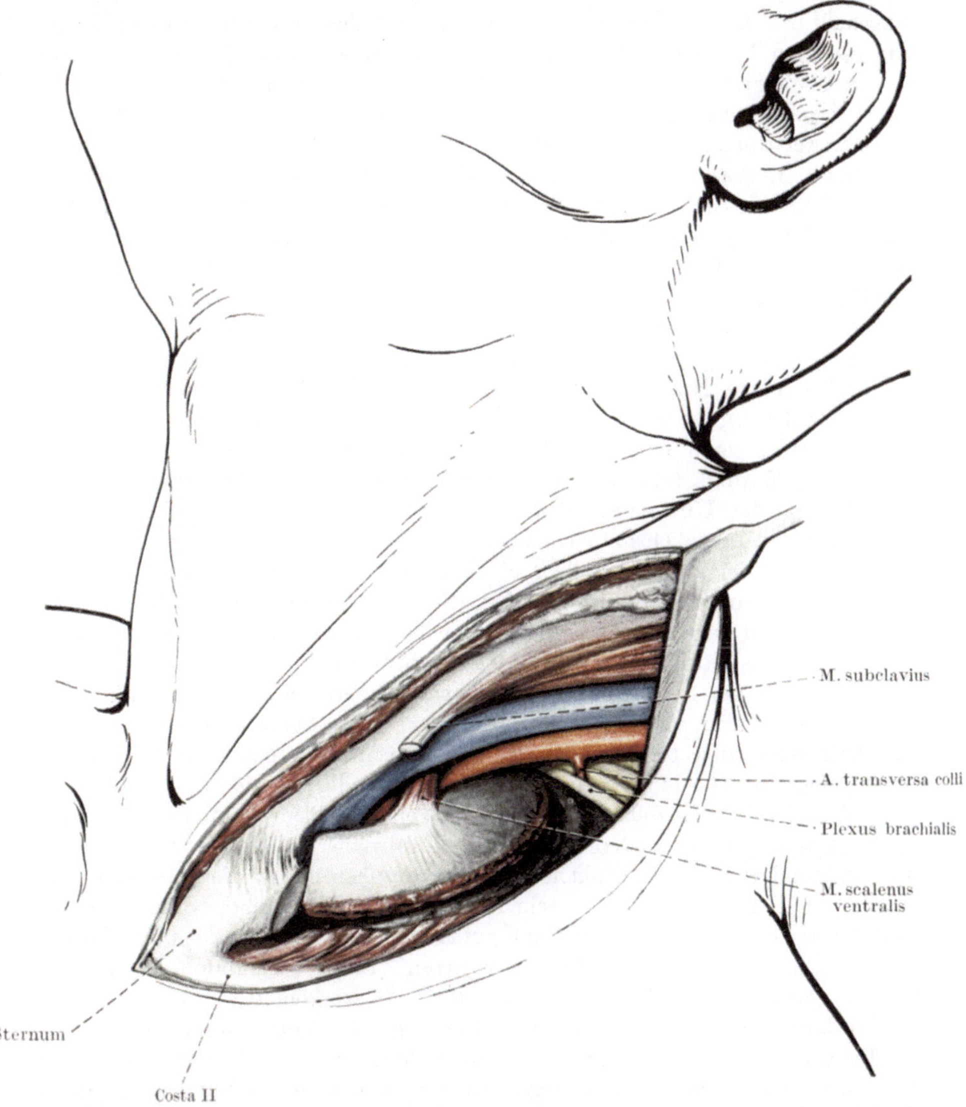

Abb. 22. Exstirpation der ersten Rippe von ventral: Die erste Rippe ist durchtrennt, die Schulter maximal nach oben gezogen.

wirklich abgelöst ist, denn dort verläuft die A. und V. thoracica interna dicht dem Brustbein angeschlossen.

Das laterale Ende der ersten Rippe wird nun mit einer Zange gefaßt und nach unten verzogen, wodurch der Spalt zwischen der Rippe und der Clavicula noch etwas vergrößert wird. Folgt man der Rippe, dann gelangt man unter der Vene hindurch zum Ansatz des M. scalenus ventralis, welcher von Graf scharf durchtrennt wird. Die Durchtrennung des Muskels erscheint viel leichter, als bei der Operation von dorsal her, vor allem deshalb, weil das Operationsfeld viel oberflächlicher liegt. Hinter dem Scalenusansatz folgt die Kreuzung der Arterie und des Plexus mit der ersten Rippe (Abb. 22). Sie sind in Bindegewebe eingehüllt und lassen sich leicht von der Rippe abheben und nach oben ziehen. Am medialen Rand der Rippe findet das Instrument unter Umständen einen stärkeren Widerstand hinter dem Sulcus der A. subclavia. Es ist dies der Ansatz des M. scalenus minimus, der zwischen Arterie und Plexus brachialis durchzieht. Noch weiter dorsal, hinter dem Plexus folgt auf der oberen Rippenfläche der Ansatz des M. scalenus medius, der ziemlich breit ist, aber viel weniger Widerstand leistet als die Sehne des M. scalenus ventralis, da der Muskel fast vollkommen fleischig ansetzt. Damit ist das Collum der Rippe erreicht. Die Unterfläche läßt sich leicht frei präparaieren, denn die Pleura haftet nirgends fest an der Rippe. Die Durchtrennung der Rippe, welche Graf am Collum neben der Spitze des Processus transversus vornimmt, ist durch die große Tiefe, in welcher gearbeitet werden muß, mühsam. Dazu kommt noch das Verhalten des N. thoracalis I, der am Halse der ersten Rippe vorbei zum Plexus brachialis zieht.

Die Auslösung jenes Teiles der Pleurakuppel, der sich über die erste Rippe erhebt, erfolgt nach denselben Prinzipien wie bei der Operation von Semb; es wird die Kuppel daher in der lockeren Bindegewebsschichte, die die Pleura bedeckt, von der Umgebung getrennt. Man führt eine extrafasciale Apikolyse aus, wie Semb diese Operation nennt.

Zwei Schwierigkeiten bestehen hierbei. Die erste wird durch den Bandapparat der Pleurakuppel hervorgerufen, die zweite allenfalls durch die A. thoracica interna und deren Vene. Bezüglich der Topographie der Bänder der Kuppel ist auf S. 57 das Nötige gesagt. Hier ist nur hinzuzufügen, daß man die Bänder natürlich auch bei der Operation von vorne her erreicht. Graf gibt an, daß er sie in der Wunde sieht, aber es vermeidet, sie zu durchtrennen, weil er die möglicherweise eintretende Blutung in der Tiefe fürchtet. Graf meint, es müsse erst abgewartet werden, ob es überhaupt notwendig sei, sie zu durchtrennen oder ob nicht das Einsinken der vorderen Teile der Pleura genüge. Die Frage ist nicht anatomisch, sondern rein klinisch und daher hier nicht zu behandeln. Vom anatomischen Standpunkt ist nur hervorzuheben, daß die Bänder infolge ihrer tiefen Lage von vorne her sehr schwer zu erreichen sind. Sind sie durch peripleuritische Prozesse verdickt und gefäßreich, dann ist die doppelte Ligatur vor der Durchtrennung unbedingt anzuraten. Unter Umständen, solange die Pleura normal und die Bänder wie dies oft vorkommt, nur ganz zarte Fäden darstellen, mag eine stumpfe Ablösung der Pleura möglich sein.

Die zweite Schwierigkeit kann sich durch den Verlauf der A. und V. thoracica interna ergeben. Diese Gefäße liegen an der Innenseite des Manubrium sterni und können in Gefahr kommen, wenn nach Graf der laterale Teil dieses Knochens mit dem Knorpel der ersten Rippe reseziert wird. Außerdem aber liegen sie ja der Pleura von vorne her an. Soll diese zum Einsinken gebracht werden, dann muß man sie von den Gefäßen ablösen. Arterie und Vene wären dann von allen Seiten her freigelegt. Um dies zu vermeiden, dürfte sich daher empfehlen, die Gefäße zu ligieren und zu durchtrennen. Dann läßt sich die Pleura auch am medialen Umfang der Kuppel vom mediastinalen

Bindegewebe lösen. Die topographischen Verhältnisse am medialen Abhange der Pleurakuppel wurden auf S. 77f. bei der Darstellung der Operation vom Rücken her geschildert.

3. Der Weg von oben.

Der Weg von oben her wurde von mehreren Autoren, so LAUWERS, GREGORIC vorgeschlagen. FRANGENHEIM, BREHM und UHLENHUT studierten die Operation ebenfalls. Im allgemeinen fand sie aber anscheinend nicht viel Anhänger. In der Literatur der letzten Jahre konnte ich keine Angaben über diese Operation mehr finden; sie soll im folgenden aber doch vor allem der Vollständigkeit halber beschrieben werden. Ihre Schwierigkeit ist in den topographischen Verhältnissen begründet, denn es handelt sich hier um ein Gebiet des Halses, das von den großen, nahe dem Thorax gelegenen Venen durchzogen wird, deren Verletzung nicht nur sehr starke Blutungen, sondern in sehr großem Maße auch die Gefahr der Luftembolie mit sich bringt. Dazu kommt noch die A. subclavia mit ihren großen Ästen und der Plexus brachialis. Ein Blick auf Abb. 9 läßt erkennen, daß es nicht leicht sein kann, hier in die Tiefe vorzudringen.

Der Hautschnitt von LAUWERS beginnt oberhalb des Sternoclaviculargelenkes und zieht entlang der Clavicula nach lateral bis zum vorderen Rand des M. trapezius. GREGORIC macht den Schnitt noch länger, bis an die Spina scapulae und schneidet den M. trapezius selbst ein, wobei er den an seiner Innenseite verlaufenden N. accessorius schont.

Im übrigen gehen beide Autoren gleich vor. Die Operation bietet folgende topographische Verhältnisse.

Mit dem Hautschnitt werden die dünnen Fasern des Platysma, die in die Subcutis der Brust einstrahlen, sowie die unter ihm gelegenen Nn. supraclaviculares durchtrennt. Als nächste Schichte folgt die Fascia superficialis colli, die den M. sternocleidomastoideus umscheidet, nach abwärts in die Brustfascie übergeht und nach hinten an die Außenseite des M. trapezius gelangt, welchen sie als zartes Blatt bedeckt. So bildet sie den Abschluß eines Dreieckes nach außen, welches als Trigonum colli laterale oder supraclaviculare majus bezeichnet wird; dieses hat als Grenzen: vorne den M. sternocleidomastoideus, hinten den M. trapezius und unten die Clavicula.

Spaltet man parallel zur Clavicula die Fascia superficialis, dann findet man in dem darunter gelegenen Fettgewebe die parallel zur Clavicula verlaufende V. suprascapularis[1] und die von oben herabkommende V. jugularis superficialis dorsalis[2]; diese folgt normalerweise dem hinteren Rande des M. sternocleidomastoideus und verschwindet entweder ganz in dem Winkel zwischen dem Kopfwender und der Clavicula in der Tiefe oder mündet etwas weiter lateral in die V. suprascapularis. Hinter dem M. sternocleidomastoideus erscheint in der Tiefe der M. omohyoideus, der schief nach unten und lateral zieht und schließlich hinter der Clavicula verschwindet. Zwischen dem Omohyoideus und der Clavicula ist ein Fascienblatt ausgespannt, welches sich unter dem Sternocleidomastoideus nach medial weiter fortsetzt und als Fascia omoclavicularis bezeichnet wird. Dieses Blatt ist ein Teil der großen Fascia colli media. Will man weiter in die Tiefe vordringen, dann ist daher medial vom M. omohyoideus zuerst die Fascia omoclavicularis zu durchtrennen, während lateral vom Muskel keine

[1] V. transversa scapulae. — [2] V. jugularis externa.

Scheidewand mehr gegen die Tiefe hin existiert. An die Fascia colli media ist die obenerwähnte V. jugularis superficialis dorsalis fixiert, wenn sie normalerweise ganz medial in der Tiefe verschwindet. Eine Durchtrennung der Vene ist daher nur nach doppelter Unterbindung vorzunehmen.

Bei der Operation wird nun der claviculare Kopf des M. sternocleidomastoideus, sowie der M. omohyoideus durchtrennt, um den Zugang zur Tiefe etwas zu erweitern. Damit ist auch die Schichte der Gefäße und des Plexus brachialis erreicht. Ihre Lage erhellt aus Abb. 9; wenn diese Abbildung auch eine Variation der A. thyreoidea caudalis darstellt, so gibt sie doch einen Einblick in die reiche Gefäßverzweigung des Trigonum colli laterale, die sich normal verhält und zeigt, daß man hier nur mit Unterbindung einer Reihe von Gefäßen weiter vordringen kann. LAUWERS führt nur die Namen der Gefäße an, die unterbunden werden müssen und nennt die A. transversa colli, cervicalis superficialis, thoracica interna, suprascapularis, wozu noch die gleichnamigen Venen kommen. Man muß daher sehr exakt arbeiten, wenn man nicht enorme Blutungen bekommen will. Von den beiden Hauptgefäßen kommt, wenn die Clavicula maximal nach abwärts gezogen wird, nur die A. subclavia zur Ansicht, während die Vene immer hinter dem Sternoclaviculargelenk verborgen bleibt. Freilich sieht man am oberen Rande der Clavicula oder richtiger schon etwas hinter diesem versteckt, ein venöses Gefäß nach lateral verlaufen (Abb. 10), das manchmal sehr groß sein kann. Dies ist die V. suprascapularis, die verschiedene von lateral oder kranial kommende Äste aufnehmen kann, so die am hinteren Rande des M. sternocleidomastoideus herabkommende V. jugularis superficialis, die V. transversa colli, die zwischen den Ästen des Plexus brachialis erscheint und die V. cervicalis superficialis, die auf dem Plexus liegt.

Die Arterien dieses Gebietes sind Äste des Truncus thyreo-cervicalis und die A. transversa colli, ein direkter Ast der A. subclavia. Der Truncus thyreocervicalis entsteht aus der A. subclavia, ehe diese in die hintere Scalenuslücke eintritt. Aus ihm geht die A. cervicalis ascendens hervor, die dem medialen Rande des M. scalenus ventralis nach aufwärts folgt; nach lateral verlaufen die A. cervicalis superficialis und die A. suprascapularis. Sie kommen durch die vordere Scalenuslücke in das Trigonum colli laterale, ziehen also mit der Vena subclavia. Die A. suprascapularis liegt am oberen hinteren Umfang der Clavicula und folgt dieser nach lateral, die A. cervicalis superficialis zieht schief über den Plexus brachialis gegen den M. trapezius. Das tiefste Gefäß ist die A. transversa colli, die aus der A. subclavia entspringt, nachdem diese aus der hinteren Scalenuslücke ausgetreten ist. Sie verläuft durch den Plexus brachialis hindurch ebenfalls in die Gegend der Schultermuskulatur. So wird diese von allen drei Gefäßen versorgt, die miteinander durch Anastomosen in Verbindung stehen und sich auch gegenseitig vertreten können, so daß einmal das eine, dann das andere Gefäß besonders stark oder besonders schwach ausgebildet gefunden werden kann. Alle diese Äste aber, die Arterien sowie die Venen verlaufen über den Zugang zur ersten Rippe und müssen daher unterbunden werden, ehe man weiter vordringen kann.

Ist dies geschehen, dann kann man den M. scalenus ventralis an seinem Ansatz an der ersten Rippe erreichen und ablösen; dabei ist auf den N. phrenicus zu achten. Da außerdem vor dem Ansatz des Muskels die Vena und hinter ihm die Arteria subclavia die erste Rippe passieren, muß große Vorsicht bei der Ablösung walten. Um den dorsalen Anteil der ersten Rippe zu erreichen, muß man den Plexus brachialis zuerst nach hinten, dann nach vorne verlagern. So gelingt es, den hinter dem Plexus an der ersten Rippe breit ansetzenden M. scalenus medius zu erreichen und von der Rippe zu lösen und bis zum Halse der Rippe vorzudringen. Die Ablösung der Pleura von der ersten Rippe, die nun zu folgen hat, wird am medialen Rande der Rippe unter Umständen Schwierigkeiten verursachen, besonders dann, wenn stärkere Züge vom M. scalenus ventralis an die Pleura gehen und ein M. scalenus minimus vorhanden ist. Von der Unterseite der Rippe läßt sich die Pleura dagegen leicht entfernen.

Die freigelegte Rippe wird hinten durchtrennt und nach der Vorschrift der Autoren vorne durch Ausdrehen vom Knorpel gelöst. Vor letzterem Vorgange ist von anatomischer Seite zu warnen, denn es kommt leicht vor — wie dies schon bei der Besprechung der Operation auf dem dorsalen Wege erwähnt wurde —, daß die Rippe nicht glatt abbricht, sondern schief und daß hierdurch eine Spitze entsteht, welche die Vene verletzen kann. Die Rippe sollte daher auch bei dem Eingriff von oben prinzipiell immer scharf durchtrennt werden.

Das Bestreben der modernen Apikolyse geht aber bekanntlich viel weiter als bis zur Entfernung der ersten Rippe. Man trachtet die Kuppel der Pleura, wie bei der Beschreibung der anderen Operationen schon auseinandergesetzt wurde, möglichst aus der Umgebung auszulösen. Dazu ist die Durchtrennung oder Ablösung der Aufhängebänder der Pleurakuppel notwendig. Dieser Akt ist bestimmt bei der Operation von oben her noch unsicherer auszuführen als auf den anderen Wegen, da die Wunde sehr tief ist und die Entscheidung darüber, wie sich die Bänder im gegebenen Fall verhalten bei der Ansicht von oben her noch schwerer sein muß, als bei der Betrachtung von hinten. Lauwers bemerkt auch, daß es bei einer solchen Durchtrennung zu starken Blutungen kommen kann. Die Ablösung der Pleura vom Mediastinum scheint bei dem Weg von oben her überhaupt kaum ausführbar. Sie zu versuchen ist vom topographischen Standpunkt gar nicht zu empfehlen, da man nicht genügend Einblick in die Tiefe hat, um mit Sicherheit zu operieren.

Wie aus der Beschreibung der Topographie und der Operation hervorgeht, ist der Weg zur ersten Rippe direkt von oben her überhaupt nicht zu empfehlen. Erstens sind die großen Gefäße noch mehr gefährdet, als bei den anderen Wegen, zweitens läßt sich von oben her nur die Exstirpation der ersten Rippe ausführen, aber nicht die der anschließenden Rippen, d. h. man kann die Operation, wenn es notwendig ist, nicht nach unten erweitern und drittens ist die Pleuraablösung nur in einem ganz kleinen Umfange möglich, am Mediastinum und an den Wirbeln aber wohl gar nicht durchzuführen.

Der geringe Anwendungsbereich der Operation, verbunden mit den großen technischen Schwierigkeiten infolge der komplizierten Topographie macht daher den Weg von oben her für die Apikolyse in jeder Form ungeeignet.

Schrifttum.

Alexander, John: The collaps therapy of pulmonary Tuberculosis. Charles u. Thomas, Baltimore 1937.

Belleli, Francesco: La massa muscolare scalenico e i ligamenti sospensori della cupola pleurica. Arch. ital. Anat. **34** (1935).

Berard: Les apicolyses. Arch. mèd.-chir. Appar. respirat. **7** (1932).

Bernou, A. et H. Fruchaud: Chirurgie de la Tuberculose pulmonaire. Paris: Gaston Doin 1935.

Billet, H.: Le branches de l'artère souclavière: scapulaire posterieur, scapulaire superieur, cervicale transverse, et leur rapport avec les troncs primaires du plexus brachial. C. r. Assoc. Anat. **29** (1934).

Braus, H.: Anatomie des Menschen, Bd. 2. Berlin: Julius Springer 1924.

Brehmer, H. u. P. Uhlenbruck: Klinische Erfahrungen bei der Behandlung tuberkulöser Spitzenprozesse mit der Apicolyse von Lauwers. Z. Tbk. **63** (1932).

Clermont, Dieulafé Cahuzac: Deux cas d'arcs azygo-innominé gauches. Ann. d'Anat. path. 8 (1931).

Delmas, Laux Cabanac: De l'influence du dispositions artérielle du creux surclaviculaire sur le morphologie du sympathique cervical. Ann. d'Anat. path. 8, 306—308 (1931).

Dolgo-Saburoff, B.: Zur Frage der Lagebeziehung zwischen der A. subclavia und der Scalenusmuskulatur beim Menschen. Anat. Anz. **76** (1933).

Dominici: Sopra un mezzo di suspensione non ancora descritto della cupola pleurale umana. Anat. Anz. **33** (1908).

Edwards, F. R.: A preliminary note on sympathic shock in thoracoplasty. Brit. J. Tbc. **31** (1937).

Felix, W.: Anatomische, experimentelle und klinische Untersuchungen über den Phrenicus und über die Zwerchfellinnervation. Dtsch. Z. Chir. **171** (1922).

Goetze, O.: Die effektive Blockade des N. phrenicus. Arch. klin. Chir. **134** (1925).

Graf, W.: Ein Beitrag zur Technik der Thoracoplastik. Chirurg **8** (1936).

Grossmann: Über die Lymphdrüsen und -Bahnen der Achselhöhle. Diss. Berlin 1896.

Hein, Kremer u. Schmidt: Kollapstherapie der Lungentuberkulose. Leipzig: Georg Thieme 1938. Mit ausführlichen Literaturverzeichnissen.

Hoffmeister: Verh. 60. Tgg. dtsch. Ges. Chir. **1936**. — Arch. klin. Chir. **186**.

Hyrtl, J.: Lehrbuch der Anatomie des Menschen. 20. Aufl. Wien: Wilhelm Braumüller 1889.

Kleesattel, H.: Zur Totalresektion der ersten Rippe. Beitr. Klin. Tbk. **82** (1933).

Kossmann: Vorkommen und Verhalten des M. scalenus minimus beim Menschen. Z. Anat. **106** (1937).

Kunz, H.: Neuere Ansichten in der chirurgischen Kollapstherapie der Lungentuberkulose. Wien. klin. Wschr. **1937**.

Kutamanoff, P.: Zur Frage der chirurgischen Anatomie des N. phrenicus am Halse. Dtsch. Z. Chir. **193** (1925).

Langer, Toldt: Lehrbuch der systematischen und topographischen Anatomie. Wien: Wilhelm Braumüller 1893.

Lauwers, M.: Notes sur un nouveau procédé d'apicolyse. J. de Chir. **33** (1929).

Luschka, H.: Der Herzbeutel und die Fascia endothoracica. Denkschr. Akad. Wien, 17. II. 1859.

Mallet, Guy et Desjacques: Recherches d'Anatomie chirurgicale sur la première côte. Ann. d'Anat. path. **5** (1928).

Maurer, A., Dreyfus-Le Foyer: Ablation de la Ire côte et temps anterieur de thoracoplastie. J. de Chir. **48** (1936).

Mertens, G.: Anatomisch-technische Studie zur Frage der Pneumolyse. Dtsch. Z. Chir. **131** (1914).

MOISE, TH. S.: The exposure and the anatomical relations of the first rib in an extrapleural thoracoplastic. Surg. etc. **49** (1929).
MONALDI, V.: Sull' apicolisi semplice nel tratamento della tuberculosi polmonare. Risultati clinici e mecanismo d'azione. Lotta contra Tbc. **4** (1933).
ODY, F.: Thoracoplastie paravertèbrale et susscapulaire. Schweiz. med. Wschr. **1933**.
OVERHOLT, R.: Thoracoplasty with lung mobilization. Amer. Rev. Tbc. **35** (1937).
PROUST et BENNOIT: Remarques sur l'orientation de la première côte, sa projection cervicale et ses rapports avec le dôme pleurale en vue de la thoracoplastie superieur. Ann. d'Anat. path. **10** (1933).
— DREYFUS, MAURER et ROLAND: Remarques sur l'Anatomie topographique de la région du dôme pleural et sur l'abouchement des veines intercostales. Aplication aux examens pleuroscopique. Ann. d'Anat-path. **9** (1932).
— MAURER et BAUMANN: Rapports du nerf phrenique avec l'origine de l'artère mammaire interne. Ann. d'Anat. path. **10** (1933).
— — et DREYFUSS: Les articulations costo-vertebrales étudiées au point de vue de leurs abord chirurgical. Leur rapports avec la chaine sympathique thoracique. Ann. d'Anat. path. **9** (1932).
PROUST, R., A. MAURER et I. ROLAND: La thoracoplastie superieur elargie. Arch. méd.-chir. Appar. respirat. **7** (1932).
RAUBER-KOPSCH: Lehrbuch und Atlas der Anatomie des Menschen, 14. Aufl. Leipzig: Georg Thieme 1934—1938.
RÖHLICH, K.: Die Arteria transversa colli des Menschen. Anat. Anz. **79** (1934).
RUHEMANN, E.: Die Verlaufsvarietäten des sogenannten Nebenphrenicus. Verh. anat. Ges. Halle a. S. **1924**.
SANDMANN: Über das Verhältnis der A. mammaria interna zum Brustbein. Diss. Königsberg 1894.
SAUERBRUCH, F.: Zur chirurgischen Behandlung der Lungentuberkulose mit extrapleuraler Plombierung. Beitr. klin. Chir. **90** (1914).
— Die Chirurgie der Brustorgane, Bd. 1. Berlin: Julius Springer 1930.
SEBILEAU: Demonstration d'Anatomie. Bull. soz. Anat. Paris **66** (1891). — Paris: Steinheil 1892.
SEMB, C.: Thoracoplastik mit extrafascialer Apicolyse. Chirurg **9** (1937).
SEMB, CARL: Thoracoplasty with extrafascial Apicolysis. Acta chir. scand. (Stockh.) **76**, Suppl., 37 (1937).
SIEGLBAUER, F.: Lehrbuch der normalen Anatomie des Menschen, 3. Aufl. Berlin: Urban & Schwarzenberg 1935.
TILLAUX, P.: Traité d'Anatomie topographique, 8. Ed. 1895.
TRUFFERT, P.: Le cou, les aponeuroses, les loges. Arnette 1922.
— La suspension du dôme pleural et son rôle dans les résultats de la collapsotherapie apicale. Arch. méd.-chir. Appar. respirat. **6** (1931).
VELLUDA: La fossette scaleno-souclavio-vertebrale. Ann. d'Anat. path. **10** (1933).
WINTER, L. de et I. SEBRECHTS: Le collapsus électif et l'apicolyse avec plombage par muscles munis de leur pédicule vasculaire dans le traitement de la tuberculose pulmonaire. Arch. méd.-chir. Appar. respirat. **7** (1932).
YANO, KENJI: Zur Anatomie und Histologie des N. phrenicus und sogenannten Nebenphrenicus. Fol. anat. jap. **6** (1928).
ZUCKERKANDL, E.: Beitrag zur descriptiven und topographischen Anatomie des vorderen Halsdreieckes. Z. Anat. **2** (1876).

Sachverzeichnis.

A. anonyma 22.
— brachiocephalica 22.
— carotis communis 37, 39.
— cervicalis ascendens 28, 86.
— — profunda 27, 75.
— — superficialis 29, 86.
— intercostalis suprema 27, 75, 79.
— mammaria interna 27, 78, 83, 86.
— — — lateralis 27, 32.
— subclavia 24, 76, 84.
— — var. 19, 25.
— suprascapularis 28, 86.
— thoracica interna 27, 78, 83, 86.
— — — lateralis 27, 32.
— thyreoïdea caudalis 28, 76.
— transversa colli 11, 30, 68, 86.
— — — var. 31.
— — scapulae 28, 86.
— vertebralis 26, 75.
Aa. intercostales 31, 71.
Art. capituli costae 9, 71, 75.
— costo-transversarius 6, 9, 68.

Bindegewebskuppel 52.

Cartilago costae 10.
Costa I 8.
— — Freilegung 71.

Ductus thoracicus 36.

Fascia endothoracica 48, 68, 77.
— omoclavicularis 21, 85.
— pectoralis profunda 80.
Foramen costo-transversarium 10.

Ganglion stellare 47, 75, 79.

Hautschnitte 61f, 79, 85.

Lig. capituli costae interarticulare 9, 71.
— — — radiatum 9, 71.
— colli costae 9, 69.
— costo-pleurale 60.
Lig. costo-pleuro-vertebrale 20, 60.
— costo-transversarium 9, 69.
— oesophago-pleurale 60.
— tracheo-pleurale 60.
— transverso-pleural 60.
— tuberculi costae 9.
— vertebro-pleurale 60.
Ln. infraclaviculares 36.
— intercostales 36.
— jugulares caudales 36.
— retrosternales 35.

M. erector trunci 16.
— latissimus dorsi 13.
— levator costae 18.
— — scapulae 13, 38, 64.
— omohyideus 20, 85.
— rhomboideus maior et minor 13, 64.
— scalenus dorsalis 8, 19, 65.
— — medius 8, 16, 19, 72, 84, 87.
— — minimus 20, 57, 58, 76, 84, 87.
— — ventralis 8, 19, 57, 76, 78, 84, 86.
— serratus dorsalis cranialis et caudalis 16.
— — lateralis 8, 16, 64.
— sternocleidomastoideus 20.
— subclavius 82.
— tensor pleurae 20.
— trapezius 11, 64.
Mm. intercostales externi 17, 68.
— — interni 18, 68.
— subcostales 18.

N. accessorius 11, 38, 64.
— dorsalis scapulae 13, 19, 44, 65.
— phrenicus 37, 41, 78, 86.
— recurrens vagi 39.
— subclavius 42, 45.
— suprascapularis 45.
— sympathicus 46, 71.
— thoracalis I 8, 31, 44, 75, 79.
— thoracicus longus 19, 45.
— thoraco-dorsalis 13.
— vagus 37, 39.
Nn. cardiaci 48.
— intercostales 46.
— spinales 40.
— supraclaviculares 43, 80.
— thoracales ventrales 45.
Pleura costalis 49, 68.
Pleurakuppel 51, 56, 57, 77, 78, 87.
Plexus brachialis 31, 44, 72, 75, 84.
— cervicalis 43.

Rippenfreilegung 65.
Rr. bronchiales nervi vagi 39.
— cardiaci nervi vagi 39.

Thoraxform 7.
Trigonum colli laterale 85.
— omoclaviculare 21.
— scaleno-vertebrale 37.
— supraclaviculare 21.
Truncus costo-cervicalis 27, 75, 79.
— jugularis 36.
— lymphaceus dexter 36.
— mediastinalis 36.
— subclavius 36.
— thyreo-cervicalis 28, 76.
— — var. 30.

V. anonyma 33.
— azygos 31.
— brachiocephalica 33.
— cephalica 81.
— cervicalis profunda 34.
— — superficialis 33.
— hemiazygos 35, 79.
— intercostalis suprema 35.
— jugularis externa 33, 85.
— — interna 37, 39.
— — superficialis dorsalis 33. 85.
— mammaria interna 35, 83.
— subclavia 32, 72, 76, 81.
— suprascapularis 33, 81, 85.
— thoracica interna 35, 83,
— — long. dextra 31, 79.
— — long. sin. accessoria 35.
— — longitudinalis sinistra 35, 79.
— transversa colli 33.
— — scapulae 33, 81, 85.
— vertebralis 34, 37.
Vv. intercostales 35, 71.

ZUCKERKANDL-SÉBILEAUsche Bänder 60, 78, 84, 87.